第2版

基礎電子工学

藤本 晶 著

森北出版株式会社

第2版発行にあたって

電子や正孔といった，目に見えない，感覚的にとらえ難い事柄を扱う電子工学は，初学者にとって難解な学問だと思われがちである．初版の執筆に際しては，電子工学の勉強にできるだけ親しみをもって取り組んでもらえるように，筆者が電子工学の講義で，学生の理解を助けるために用いた，たとえ話や直感的な説明なども含めて，できるだけ平易な表現での説明に努めた．

その甲斐もあってか，初版は多くの高専や大学で採用いただくこととなった．本書を教科書として選んでいただいた方々に感謝するとともに，電子工学の教育に微力ながらもお役に立てたものと，執筆者として安堵する次第である．それと同時に，浅学非才による正確さを欠いた記述や，なかには間違った記述があったのではないかと多少なりとも危惧しているところである．

この初版も発行から 7 年が経ち，その間にスマートフォンの急速な普及や人工知能の進歩，それに電池の進化による電気自動車の実用化など，科学技術の進歩はめざましく，電子工学を取り巻く環境も大きく変化してきた．そのため，初版の内容にも，補足すべき事柄や新たに書き加えるべき事柄が目立つようになってきた．

そんな折，森北出版から内容を書き加えて装いを新たにした第 2 版の発行のお話をいただき，快くお受けさせていただいた．改訂にあたっては，電気自動車で多用されるようになったパワー半導体の章を新たに加えるとともに，自動運転などで重要性が増してきたセンサデバイスの部分を充実させることで，多少なりとも時代の進歩から遅れないようにと考えた．

また，今回の改訂に合わせて，視覚的によりわかりやすいように，これまでの単色から二色刷にするとともに，冗長な説明の部分を簡素化や，文章の細かな部分を修正することで，初版以上に理解しやすい教科書になったと考える．この第 2 版が読者に親しんでいただき，電子工学をよりいっそう理解し，身近に感じていただく一助になれば幸いである．

最後に，今回の改訂にあたって細部にわたって種々ご指導，ご助言をいただいた森北出版　藤原祐介，二宮　惇の両氏に紙面を借りて感謝する次第である．

2019 年 7 月

著　　者

まえがき

家電製品や産業機器をはじめ，今日の電気製品には必ずといってよいほど多くの半導体デバイスが使われている．いまや半導体デバイスを使っていない製品を見出すのが困難なほどであり，半導体デバイスが現代社会を動かしているといっても過言ではない．本書は，この半導体デバイスを理解するうえで基本となる事柄から，個々の半導体デバイスの構造や原理の詳細について記述されている．

筆者は高等専門学校の電気工学科を卒業後，企業の研究所で19年間半導体デバイスの研究開発に従事した．入社当時は化合物半導体デバイスの特性が安定せず，GaAsがマジッククリスタルとよばれていた時代であった．学校で半導体のことを多く学ばなかった筆者は，社内の同僚との勉強会などを通じて半導体についての知識を身に付けることになった．

19年間勤めた企業を退職後，縁あって和歌山工業高等専門学校の教員として採用され，今日まで20年余りにわたって電子工学の授業を行うことになった．授業では，企業時代に半導体の学習で苦労した点や，実際の研究開発現場で必要とされる知識を思い浮かべながら，使っている教科書の記述を補足し，できるだけ生の，実際に役に立つ知識や技術を学生に伝えてきたつもりである．

本書には，学生が卒業後に，半導体の開発現場で必要となる基本的な内容を中心にまとめてある．執筆に際しては，自らの経験を基に学生が理解しにくいと思われる部分を，できるだけ詳しく記述した．また，式の導出なども，その過程をできるだけ詳しく記述しているので，教科書としての使用はもとより，独学の際の参考書としても十分使えるように配慮している．

本書では，今日の電子工学でとくに必要とされる固体中の電子の振舞いを中心に記述し，近年使われることが少なくなった真空中の電子などについての記述は，必要最低限に留めた．そして，急速に普及してきた液晶ディスプレイやセンサデバイスについても概観し，本書の内容を理解することで，これらのデバイスを扱ううえで必要とされる知識が得られるものと考える．

また，独学でも学びやすいように，例題にはもちろん，章末問題にもできるだけ詳しい解答を付け，巻末に記載している．ぜひ実際に手を動かして，例題を参考に，章末問題を解いてもらいたい．記号で記述された式に実際の数値を代入して計算することで，記述された内容を現実のものとして認識できると考える．できれば，記号で書かれた式に遭遇するたびに，実際の数値を代入して計算する習慣を付けてもらえればと思う．

なお，この本の記述は，筆者の講義ノートを基にしているが，これまでに使ってきたいくつかの教科書の影響を受けていることは否めない．これまでに使った教科書を巻末に参考文献として列挙させてもらっている．これらの著者の方々に紙面を借りてお礼申し上げたい．また，小生の拙文を丁寧に見て校正いただいた和歌山工業高等専門学校教授 溝川辰巳 博士，同じく准教授 直井弘之 博士に，そして，丁寧に校正いただいた森北出版 藤原祐介氏に感謝する．

2012 年 7 月

筆　者

目　次

【物理定数表】

定数	値
電子の電荷量（電気素量）	1.6022×10^{-19} [C]
電子の静止質量	9.1094×10^{-31} [kg]
電子の比電荷	1.7588×10^{-11} [C/kg]
ボルツマン定数	1.3807×10^{-23} [J/K]
プランク定数	6.6261×10^{-34} [J·s]
真空中の光速度	2.9979×10^{8} [m/s]
リュードベリ定数	1.0973×10^{7} [1/m]
真空の誘電率	8.8542×10^{-12} [F/m]
真空の透磁率	1.2566×10^{-6} [H/m]
アボガドロ数	6.0221×10^{23} [1/mol]

【物性定数表】

結晶材料	Ge	Si	InAs	InP	GaAs	GaP	GaN
エネルギーギャップ [eV]	0.67	1.12	0.36	1.35	1.43	2.26	3.39
遷移型	間接	間接	直接	直接	直接	間接	直接
比誘電率	16	12	12.5	12	13	8.5	9.5
電子の有効質量	0.55	0.40	0.027	0.07	0.08	0.12	0.2
正孔の有効質量	0.37	0.58	0.018	0.69	0.5	0.5	0.8

序章 電子工学とは

私たちの身のまわりには，複雑な動きをする電化製品があふれている．これらの電化製品の複雑な動きを支えているのが**半導体デバイス**（semiconductor device）とよばれる電子素子である．現代社会は，この半導体デバイスによって動いているといっても過言ではない．そして，これらのデバイスの基本となる学問が**電子工学**（electronics）である．

電子工学とはその名の通り，本来は**電子**（electron）を扱う工学である．当初は真空管が使われていたため真空中の電子を扱うことが多かったが，半導体の進歩とともに，電子工学で扱う電子は真空中から固体中，半導体中へと移行していき，電子工学の名称も**固体電子工学**（solid state electronics）や**半導体工学**（semiconductor engineering）へと変わっていった．

電子を扱うためには，電子の動きを記述するための**量子力学**（quantum mechanics）の知識，固体の原子配列などを扱う**結晶学**（crystallography）の知識，デバイスの特性を解析するための**電磁気学**（electromagnetics）の知識，そして，半導体デバイスを組み合わせて特定の機能をもたせるときに必要となる**電子回路**（electronic circuit）や**微細加工**（micro-fabrication）の技術など，広い分野の知識が必要となる．このように，電子工学は，多くの分野を含んだ分野の総称である．

その後，加工技術が発展し，数多くの半導体デバイスや回路素子を一つの半導体基板上に形成した**集積回路**（integrated circuit）が誕生した．集積回路の実現により，一つのシリコン基板の上に数千万個を超える数の素子をつくり込んだ，複雑な動作をするマイコンなどがつくられるようになった．このようなマイコンでも，それを構成している一つひとつの素子は，本書に記載されている原理で動作している．本書のタイトルである「電子工学」という言葉は，「半導体工学」などの言葉に取って変わられて，今日では多少レトロな響きすら感じるが，家庭用電化製品からコンピュータ，そしてインターネットに至るまで，ほぼすべての電気製品が電子工学を応用したものである．今日の社会を動かしているのは，まぎれもなく電子工学だといえるだろう．

第1章 電磁界中の電子

半導体デバイスは種々のはたらきをするが，そのはたらきを生み出しているのが電子である．電子は負の電荷をもつきわめて小さな粒子である．電子はあまりにも小さく，そして軽いため，直接目で見ることはできないが，色々な実験からその存在が確認されている．そして，電子は電荷をもっているため，電界や磁界からさまざまな影響を受ける．半導体デバイスでは，固体のなかにある電子に電界や磁界を加えて，その動きの制御を行う．本章では，真空中にある電子に電界や磁界を加えたときの振舞いを理解しよう．

1.1 電子とその性質

物質の基本単位は**原子**（atom）である．その原子は，**原子核**（nucleus）と電子から構成されている．電子は負の**電荷**（electric charge）と，水素の原子核の 1840 分の 1 というきわめて小さな質量をもっている．電子を直接見ることはできないが，放電現象などを通じて存在を確認することができる．蛍光灯も放電による電子の動きを利用しているが，周囲に蛍光体が塗布されているために，内部の様子は見ることができない．しかし，食堂などで見かける殺菌灯は蛍光体が塗布されていないので，図 1.1 のように，放電の様子を見ることができる．内部の青白く光っている部分が，電子と内部の気体分子とが衝突しているところである．

図 1.1　殺菌灯の放電

電子が質量をもっていることを初めて見出したのがクルックス（William Crookes: 1832–1919）である．クルックスは電子の流れのなかにおいた羽根車が力を受けることを発見し，これは羽根車に電子が衝突したためと考えることで，電子が質量をもっていることを示した．また，J.J. トムソン（Joseph John Thomson: 1856–1940）は，運動している電子に電界や磁界を印加†したときの電子の挙動から，電子が負の電荷をもっていること，質量が水素原子の 2000 分の 1 程度であること，そして，電荷と質量との比（**比電荷**（specific charge of electron））が約 1.3×10^{11} [C/kg] であることを示した．

その後，ミリカン（Robert Andrews Millikan: 1868–1953）が油滴を使った実験から，電子の電荷の大きさを 1.592×10^{-19} [C] と見積もり，これらの実験から，電子の電荷や質量といった基本的な値が求められた．その後の正確な実験により，電子の電荷は 1.602×10^{-19} [C]，質量は 9.109×10^{-31} [kg]，そして比電荷は 1.759×10^{11} [C/kg] と求められている．電子の電荷量は電荷の最小値であり，**電気素量**（elementary electric charge）とよばれている．今日の電子機器のほとんどは，この小さな電子の振舞いを利用している．

1.2 電磁界中の電子の運動

1.2.1 電界中の電子の運動

電子は電荷をもっているため，電界から力を受ける．電子の電荷を $-q$ とすると，電界 E が電子に印加されたときに電子が受ける力 F は，

$$F = -qE \tag{1.1}$$

となる．電子の質量を m とすると，電子に生じる加速度 a は**ニュートンの法則**（Newton's law, Isaac Newton: 1642–1727）より，

$$a = \frac{F}{m} = -\frac{qE}{m} \tag{1.2}$$

となる．加速度は 1 秒間に加わる速度を表しているので，電子は t 秒後に速度 $v = at$ になる．

この加速度は，運動している電子にも同じように生じる．図 1.2 に示すように，速度 v_x で移動している電子が，電子と垂直方向に電界 $E = V/d$ が印加された領域に入ったときに受ける力を考えよう．電界が $-y$ 方向であることを考慮すると，電子は電界と反対（$+y$）方向に

$$F_y = qE = \frac{qV}{d} \tag{1.3}$$

の大きさの力を受ける．電子に生じる加速度は $a = F_y/m$ であるので，t 秒後の y 方

† 印加：対象に対して何かを作用させることを，対象に何かを「印加する」という．

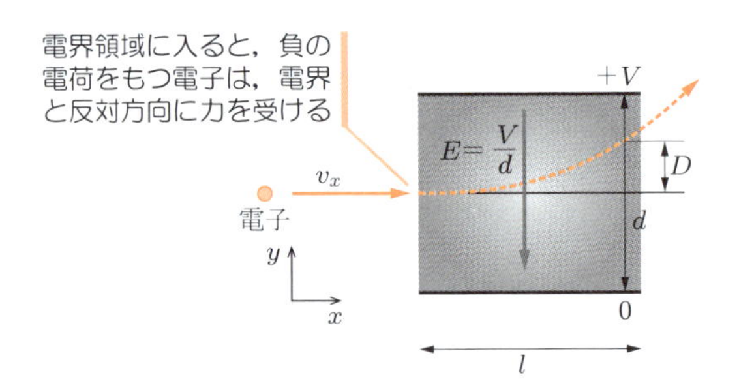

図 1.2　電界中への電子の進入

向への速度は，

$$v_y = at = \frac{F_y}{m}t = \frac{qV}{dm}t \tag{1.4}$$

となる．速度を時間で積分すると移動距離が得られるので，長さ l の電界領域を通った後の電子の変位 D は，電界領域を通り抜ける時間が $t_E = l/v_x$ であることを考慮すると，

$$D = \int_0^{t_E} v_y dt = \int_0^{t_E} \frac{qV}{dm} t dt = \left[\frac{qVt^2}{2dm}\right]_0^{l/v_x} = \frac{qV}{2dm}\left(\frac{l}{v_x}\right)^2 \tag{1.5}$$

と求められる．

このように，移動している電子に進行方向とは異なる方向に電界を加えることで，電子の進行方向を変えることができる．これは**静電偏向**（electrostatic deflection）とよばれ，計測用のブラウン管に利用されている．

例題 1.1　図 1.3 のように，速度 4×10^5 [m/s] で進んでいる電子が，進行方向に垂直な 10 [V/m] の電界中を 25 [cm] 進んだ．電子の軌道のずれ D を求めよ．

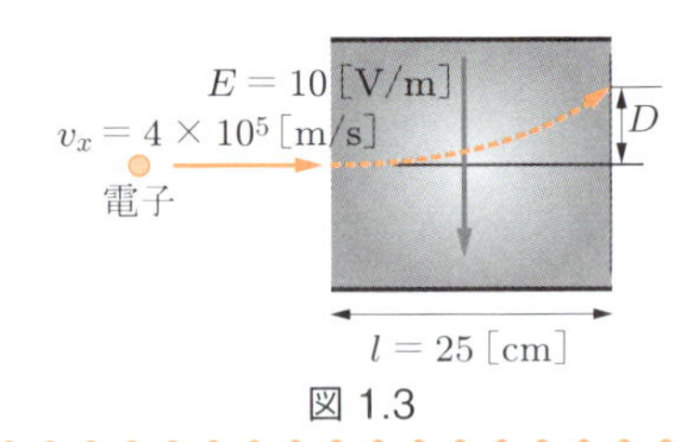

図 1.3

解　式 (1.5) において，$E = V/d = 10$ [V/m] を代入すると，

$$D = \frac{1.6 \times 10^{-19} \times 10}{2 \times 9.11 \times 10^{-31}} \times \left(\frac{0.25}{4 \times 10^5}\right)^2 = 34 \text{ [cm]}$$

となる．

電子は質量が小さいため，式 (1.2) より，電界を使って大きな加速度を与えることができる．ブラウン管や電子顕微鏡などにみられるように，電子の応用のほとんどが電子に大きな加速度を与えて利用している．

電界中に存在する電子は，電界によって力を受けて，式 (1.2) で示される加速度を得る．電位差 V の二枚の平行平板電極間で電子が加速される場合，電子が得るエネルギー W は

$$W = qV\,[\mathrm{J}] \tag{1.6}$$

となる†．単独で存在している電子は，受け取ったエネルギーをすべて運動エネルギーとして保持するため，エネルギーを受け取ると電子の速度が増加する．電子の速度を v とすると，運動エネルギーと加速電圧の間には

$$\frac{1}{2}mv^2 = qV \tag{1.7}$$

という関係が成り立つ．これより，電子の速度を求めると

$$v = \sqrt{\frac{2qV}{m}} \tag{1.8}$$

となり，電子は印加された電圧の平方根に比例して速度を増すことがわかる．

1.2.2　磁界中の電子の運動

電界が電子に力を及ぼすのと同様に，磁界も運動している電子に力を及ぼす．運動している電子に磁界を印加すると，電子は磁界からつぎのような力を受ける．

$$\boldsymbol{F} = -q(\boldsymbol{v} \times \boldsymbol{B}) \tag{1.9}$$

ここで，$\boldsymbol{v}$ は電子の速度，$\boldsymbol{B}$ は磁束密度（単位 T（テスラ））である．$\boldsymbol{v}$ および $\boldsymbol{B}$ は大きさと方向をもつ**ベクトル**（vector）量であり，$\boldsymbol{v} \times \boldsymbol{B}$ は速度ベクトルと磁界ベクトルの**外積**（cross product）を表している（**プラス $\boldsymbol{\alpha}$ ベクトルの外積** 参照）．これより，電子は速度と磁界の両方のベクトルに垂直な方向に力を受けることがわかる．

図 1.4 のように，磁束密度 $\boldsymbol{B}$ の磁界が存在する領域に電子が速度 $\boldsymbol{v}$ で進入したとする．磁界の向きは紙面奥向きで，領域の幅を l とする．式 (1.9) によって，電子は進行方向に垂直な方向に力を受ける．それによって電子が向きを変えても，また進行方向に垂直な方向に力を受ける．つまり，どのような方向に電子が進んでいても，常にそのときの進行方向に垂直に力を受けることになる．その結果，電子は図 1.4 に示す

---

† 電子のエネルギーの単位には，1 V の電位差で加速した際に電子が得るエネルギー 1 [eV]（電子ボルト）$= 1.6 \times 10^{-19}$ [J] を用いることもある．

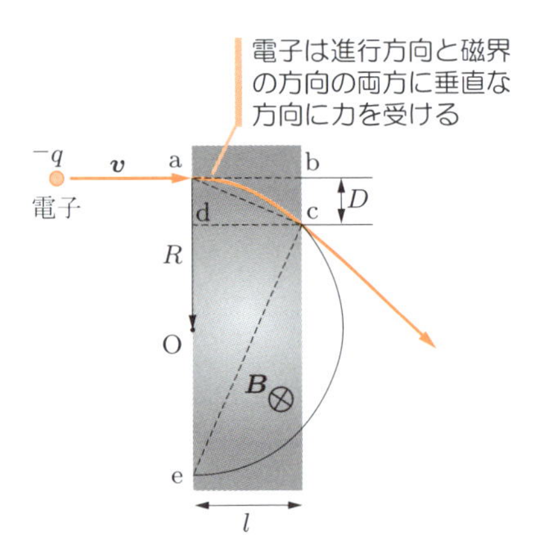

図 1.4　磁界中への電子の進入

円軌道を描くように進み，磁界領域の端，点 c で磁界領域から出ることになる．

電子が磁界中を円軌道に沿って進んでいる間は，電子が受ける遠心力と，磁界から受ける力の大きさがちょうどつり合っている．電子の進む方向と磁界の向きが垂直になっており，そのときの速度ベクトルと磁界ベクトルとの外積の大きさが $|\boldsymbol{v} \times \boldsymbol{B}| = |\boldsymbol{v}|\ |\boldsymbol{B}| \sin 90^\circ = vB$ となることに注意すると，

プラス α ● ベクトルの外積

ベクトルの演算には内積 (inner product) と外積がある．外積は演算結果がベクトルになるためベクトル積 (vector product) ともよばれ，$\boldsymbol{A} \times \boldsymbol{B}$ のように表す．演算結果のベクトルは，もとのベクトル $\boldsymbol{A}$, $\boldsymbol{B}$ のいずれにも垂直となり，その大きさは，もとのベクトルの大きさの積に A と B のなす角の正弦をかけた $|A|\ |B| \sin\theta$，向きは A から B に右ねじを回したときにねじの進む方向になる（図 1.5 参照）．これらを行列で表記すると，x, y, z 方向の単位ベクトルを $\boldsymbol{i}, \boldsymbol{j}, \boldsymbol{k}$ として

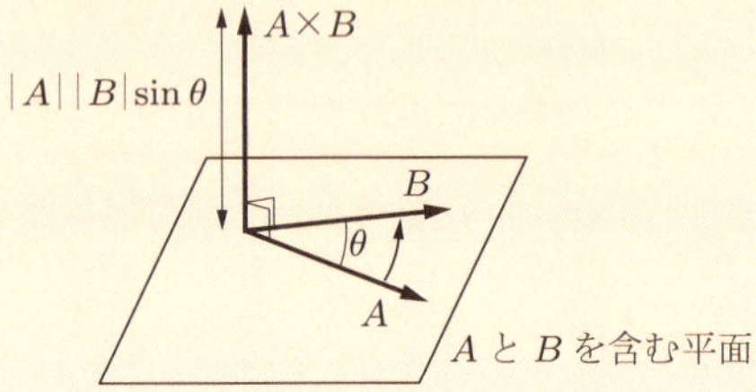

$A \times B$
$|A|\ |B| \sin\theta$
B
θ
A
A と B を含む平面

図 1.5

$$
\begin{aligned}
\boldsymbol{A} \times \boldsymbol{B} &= \begin{vmatrix} \boldsymbol{i} & \boldsymbol{j} & \boldsymbol{k} \\ A_x & A_y & A_z \\ B_x & B_y & B_z \end{vmatrix} \\
&= \boldsymbol{i}(A_y B_z - A_z B_y) + \boldsymbol{j}(A_z B_x - A_x B_z) + \boldsymbol{k}(A_x B_y - A_y B_x)
\end{aligned}
$$

となる．

$$qvB = \frac{mv^2}{R} \tag{1.10}$$

が成り立つ．ここで，式 (1.10) の右辺は，電子が受ける遠心力を表している．この式より円運動の半径 R を求めると，

$$R = \frac{mv}{qB} \tag{1.11}$$

となり，運動する電子の進行方向が磁界によって変えられることがわかる．

このように，磁界によって電子線を曲げることを**電磁偏向**（electromagnetic deflection）といい，これはかつての家庭用テレビなどのブラウン管で利用されていた．ブラウン管では，電子銃から出た電子線を磁界により偏向させ，蛍光面に衝突させて発光させ，画像を表示させている．

つぎに，電子線が磁界によってどのくらい変位したかを見るために，磁界領域の出口での変位 D を求めよう．図 1.4 に示すように，電子が描く円軌道の直径を $\overline{\mathrm{ae}}$，点 c から直径に向けて下ろした垂線を $\overline{\mathrm{cd}}$ とすると，$\triangle$acd と $\triangle$ced が相似となるので，

$$\overline{\mathrm{cd}} : \overline{\mathrm{ad}} = \overline{\mathrm{ed}} : \overline{\mathrm{cd}} \tag{1.12}$$

が成り立つ．ここで $\overline{\mathrm{cd}} = l$，$\overline{\mathrm{ad}} = D$，$\overline{\mathrm{ed}} = 2R - D$ であることを考慮すると，式 (1.12) より，

$$(\overline{\mathrm{cd}})^2 = l^2 = \overline{\mathrm{ad}} \times \overline{\mathrm{ed}} = D \times (2R - D) \tag{1.13}$$

となる．$R \gg D$ が成り立つとすると $l^2 \cong 2RD$ となるので，式 (1.11) を代入して，変位 D はつぎのように求められる．

$$D = \frac{l^2}{2R} = \frac{qBl^2}{2mv} \tag{1.14}$$

また，磁界中における電子の円運動を**サイクロトロン運動**（cyclotron motion）といい，これは荷電粒子を円運動させて光の速度付近まで加速する**粒子加速器**に応用されている（1.5.2 項参照）．

例題 1.2　図 1.6 のように，1.2×10^{-3} [T] の磁界中に電子が速度 2×10^6 [m/s] で進入して円運動を始めた．円運動の直径を求めよ．

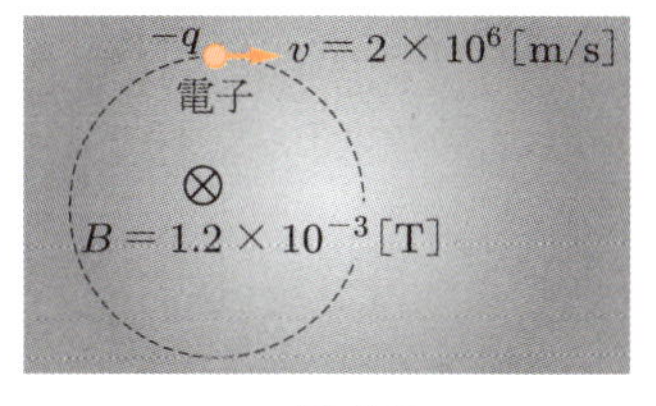

図 1.6

解　式 (1.11) より，

$$R = \frac{mv}{qB} = \frac{9.11 \times 10^{-31} \times 2 \times 10^{6}}{1.6 \times 10^{-19} \times 1.2 \times 10^{-3}}$$
$$= 9.5 \times 10^{-3}\,[\mathrm{m}]$$

となる．したがって，直径 $2R$ は 19 [mm] となる．

プラス α　ローレンツ力

式 (1.1) は電荷が電界から受ける力を，また，式 (1.9) は電荷が磁界から受ける力を表している．電界と磁界の両方が印加されているときは，電荷が受ける力は**重ね合わせの理** (superposition principle) から，それぞれの力の和で求められるので，

$$\boldsymbol{F} = q(\boldsymbol{E} + \boldsymbol{v} \times \boldsymbol{B})$$

となる．電荷が電磁界から受けるこの力を**ローレンツ力** (Lorentz force, Hendrik Antoon Lorentz: 1853–1928) という．ここで，電界は電荷が静止していても運動していても力を及ぼすが，磁界は運動している電荷にのみに力を及ぼし，静止している ($v = 0$) 電荷には力を及ぼさないことに注意する必要がある．

1.3 光電効果

かつて，光は回折や干渉などの現象から，波の一種であると考えられていた．しかし，光を波と考えたのでは説明できない現象が見出されるようになり，光は波ではなく，粒子の性質もあわせもつものであると考えられるようになった．ここでは，光が粒子としての性質を示す光電効果について説明する．

金属内には多くの電子が安定して存在し，それらが勝手に金属外に出てくることはない．しかし，何らかの方法で電子にある一定以上のエネルギーを与えると，電子を金属外に取り出すことができる．エネルギーを与えることで電子を外部に取り出せるということは，金属外の電子よりも金属内の電子のエネルギーが低いことを示している．金属内の電子を外部に取り出すために電子に与える最小限のエネルギーを**仕事関数** (work function) といい，その値は金属の種類によって異なる．

ある振動数より高い光を金属に照射すると，金属内の電子を金属外に取り出せることは昔から知られており，これを**光電効果** (photoelectric effect) とよんでいた．金属に照射する光の振動数を連続的に変化させて，金属から放出される電子のエネルギーの最大値をグラフにプロットすると，図 1.7 のようになる．これにより，金属の仕事

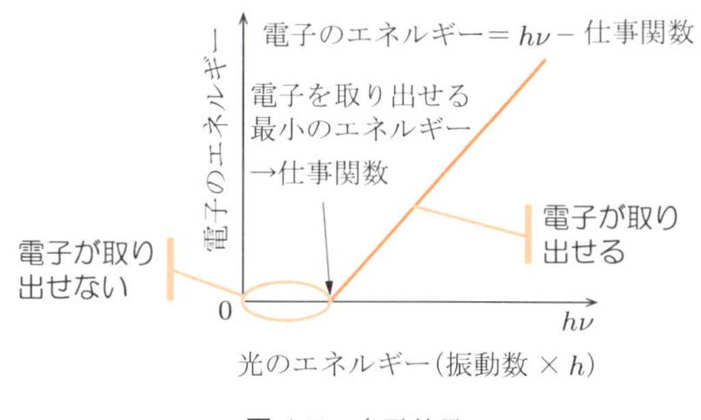

図 1.7　光電効果

関数よりもエネルギーの小さな光をいくら強く照射しても金属から電子を取り出せないこと，逆に，仕事関数よりも高いエネルギーの光ならば，弱い光でも電子を取り出せることが明らかとなった．

光が波であれば，強い光を照射すれば光の振動数にかかわらず電子が外部に取り出せることになる．したがって，電子を取り出すことのできる光の振動数にこのような制限が生じる現象は，長い間解明されなかった．この問題の解答を見つけたのはアインシュタイン（Albert Einstein: 1879–1955）であった．アインシュタインは，振動数 ν の光が $h\nu$（$h = 6.63 \times 10^{-34}$ [J·s]: プランク定数（Planck's constant)）のエネルギーをもつ粒子（**光子**（photon)）として振る舞い，電子の衝突するものとして光電効果を説明した．

光電効果によって求められた仕事関数は，半導体に金属電極を形成する場合において，金属を選択するうえでの指標となる重要な値である．表 1.1 に，半導体でよく用いられる金属の仕事関数を示す．

表 1.1　半導体でよく用いられる金属の仕事関数

元素	Cs	Al	Ti	Ag	Mo	W	Cr	Cu	Au	Ni	Pt
仕事関数 [eV]	1.93	4.13	4.1	4.31	4.45	4.52	4.5	4.5	4.70	5.2	5.65

1.4　物質波

1.3 節で述べたように，光は波としての性質と粒子としての性質をあわせもっていることがわかった．ド・ブロイ（Louis de Broglie: 1892–1987）はこの考えを拡張し，光が波と粒子の両方の性質をもつのと同様に，電子やほかの物質も，粒子としての性質と波としての性質の両方をあわせもっていると考え，物質の運動量 p と波の波長 λ との間につぎの関係が成り立つと考えた．

$$\lambda = \frac{h}{p} \tag{1.15}$$

これを**ド・ブロイの関係**（de Broglie relation）といい，この式によって定義された波を**物質波**（material wave）とよぶ．また，物質波の波長 λ をド・ブロイ波長（de Broglie wave length）とよぶ．

ド・ブロイの関係を式 (1.8) に適用すると，

$$\lambda = \frac{h}{p} = \frac{h}{m \times \sqrt{2eV/m}} = \frac{h}{\sqrt{2meV}} \tag{1.16}$$

となり，電子のド・ブロイ波長 λ は加速電圧 V の平方根に反比例し，加速電圧が大きくなるとド・ブロイ波長は短くなることがわかる．

コーヒーブレイク◯ 光の波長と電子顕微鏡

光学式の顕微鏡では，どのくらい倍率が上がるだろうか？ 接眼レンズは 40 倍程度が最高倍率であり，対物レンズは 100 倍が最高倍率になっている．単純にかけ算をすると，4000 倍の光学顕微鏡ができることになる．しかし，実際にそのようなレンズの組合せで顕微鏡を覗いてみると，どうにもピントが合わず，ボケた像しか見えない．これは波の**回折限界**（diffraction limit）により，観測に用いる波の波長以下の物体を観測することはできないことに起因する．人間が見ることのできる光の波長は 400〜800 [nm] であるので，たとえば，1000 倍の光学顕微鏡で 0.4 [mm] に見えるものは，実際には光の波長に近い 400 [nm] のものを見ていることになる．したがって，400 [nm] より小さな物を見るためには，光より波長の短い波で見る必要がある．このようにして考案されたのが**電子顕微鏡**（electron microscope）であり，光のかわりに光より波長の短い電子線を使って，より小さいものの観測を可能にしている．

例題 1.3 100 [kV] で加速した電子のド・ブロイ波長を求めよ．

解　式 (1.16) より

$$\lambda = \frac{h}{\sqrt{2meV}} = \frac{6.6 \times 10^{-34}}{\sqrt{2 \times 9.1 \times 10^{-31} \times 1.6 \times 10^{-19} \times 100 \times 10^{3}}}$$
$$= 3.9 \times 10^{-12} [\mathrm{m}]$$

となり，可視光よりも短い波長となることがわかる．

例題 1.4 体重 60 kg のランナーが 100 m を 11 秒で走った．ランナーのド・ブロイ波長はいくらか？

解　ランナーの速度は $100/11 = 9.1$ [m/s] なので，式 (1.15) より

$$\lambda = \frac{6.6 \times 10^{-34}}{60 \times 9.1} = 1.2 \times 10^{-36} \text{ [m]}$$

となる．この結果より，私たちの世界のスケールでは，ド・ブロイ波長がきわめて短いので，実際には波として意識する必要はないことがわかる．

プラス α　相対性理論による質量の補正

電子を加速し続けると，電子の速度は増加し続け，やがて光の速度を超えてしまうだろうか？ 実際には，電子が光の速度に近づくと，電子の質量が増加して加速できなくなる．従来の物理学では，長さや時間は，それ自身普遍的なものとして取り扱われてきたが，それに異を唱えたのがアインシュタインである．彼は**相対性理論**（theory of relativity）のなかでこれらが絶対的なものではなく，観察する人の状態によって異なる「相対的」なものであると結論付けた．相対性理論によれば，運動している粒子の質量 m は速度とともに大きくなり，電子が静止しているときの質量を m_0 とすると，速度 v で運動しているときの質量は次式で表される．

$$m = \frac{m_0}{\sqrt{1 - \left(\dfrac{v}{c}\right)^2}} \tag{1.17}$$

ここで，c は光の速度である．したがって，粒子の速度が光の速度に達すると粒子の質量が無限大となり，どんな粒子も光の速度までは加速できない．したがって，どんな大きな電圧で電子を加速しても，電子の速度は決して光の速度を超えることはない．

相対性理論は，これ以外にも光の速度は観察する系によらず普遍的なものであること，大きな速度で移動する物体では，その長さが縮むことや時間が遅れることなどを指摘している．このなかで時間の遅れに関しては，人工衛星や航空機中の時計がわずかに遅れることが実際に確かめられている．

1.5　真空中の電子の応用

真空中の電子の特性を利用したものの一つに**真空管**（vacuum tube）がある．真空管は整流や増幅用としてラジオやテレビなどのあらゆる電子機器に用いられていたが，その後トランジスタが発明され，その性能や信頼性が向上するにつれて，つぎつぎとトランジスタなどの半導体素子に置き換えられていった．真空管の一種であるテレビのブラウン管も，液晶パネルを使った薄型テレビの出現によって急速に姿を消していった．真空管のうち，いまでも使われているのは，放送局の大電力送信管や電子レンジ

のマイクロ波の発生に使われている**マグネトロン**（magnetron）くらいである．この節では，現在も使われている静電界中の電子の応用例として，静電偏向ブラウン管と，磁界中の電子の運動を利用したサイクロトロン加速器について説明する．

1.5.1　静電偏向ブラウン管

電気信号を観測するときに用いられるオシロスコープ（oscilloscope）（波形をシンクロさせることから，シンクロスコープ（synchroscope）ともよばれている）も液晶ディスプレイを用いたものが普及しつつあるが，以前は直線性の良さから，静電偏向を利用した**ブラウン管**（CRT: cathode ray tube）が長く用いられてきた．その構造を図 1.8(a) に示す．

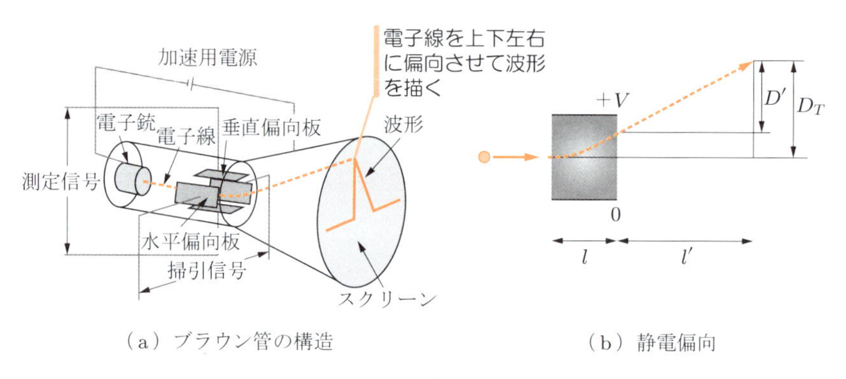

（a）ブラウン管の構造　　（b）静電偏向

図 1.8　静電偏向ブラウン管

左側の電子銃から放射された電子線は，高電圧で加速され，右側の蛍光体が塗布されたスクリーン上に到達して蛍光体を発光させる．このとき，水平偏向板に時間とともに電圧が増加する**のこぎり波**（sawtooth wave）とよばれる波形を印加すると，1.2.1 項で述べた偏向の原理によって，電子線は時間とともに水平方向に移動するように偏向される．水平偏向板の電界領域を出ると電子線は直進し，電子線の位置が時間と対応するようにスクリーン上に水平な線を描く．

この状態で垂直偏向板に測定信号を印加すると，電子線は入力信号によって垂直方向にも偏向され，スクリーン上に入力信号波形を描くことができる．偏向板による電界領域を出るときの電子線の x 方向の速度を v_x とすると，y 方向は式 (1.4) に $t = l/v_x$ を代入して，

$$v_y = \frac{qV}{dm} \cdot \frac{l}{v_x} \tag{1.18}$$

となる．また，図 1.8(b) のように，電界領域の端からスクリーンまでの距離を l' とす

ると，電界領域を出てからスクリーンに到達する間での電子線の変位 D' は，式 (1.18) より，

$$D' = l' \times \frac{v_y}{v_x} = \frac{qV}{dm} \cdot \frac{ll'}{v_x^2} \tag{1.19}$$

となる．全体の変位 D_T は，式 (1.19) の D' と式 (1.5) の電界領域での変位 D との和となるので，

$$D_T = D + D' = \frac{qV}{2dm}\left(\frac{l}{v_x}\right)^2 + \frac{qV}{dm} \cdot \frac{ll'}{v_x^2} = \frac{qVl}{dmv_x^2}\left(\frac{l}{2} + l'\right) \tag{1.20}$$

となり，偏向板に印加される電圧 V に比例するのがわかる．

1.5.2 サイクロトロン加速器

電子やイオンなどの荷電粒子を電界によって加速することを目的とした装置を**粒子加速器**，または単に**加速器**（accelerator）とよぶ．**サイクロトロン**（cyclotron）はこの粒子加速器の一種であり，コンパクトな大きさでありながら，粒子を高いエネルギーまで加速できるという特徴をもつ．

図 1.9(a) にサイクロトロンの概要を示す．円盤を二つに割った形状をもつ D（ディー）とよばれる容器を真空中に二つ置き，全体を強力な磁界中に置く．円盤の中央から電子を入れると，1.2.2 項で述べたように，電子は磁界によって円運動する．円盤の下方から上方に向けて磁界が印加されているとすると，電子はローレンツ力によって，図 (b) に示すように，反時計まわりに円運動を始める．

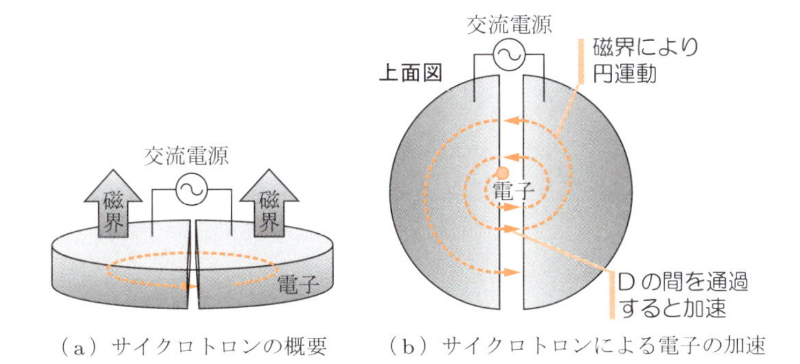

（a）サイクロトロンの概要　（b）サイクロトロンによる電子の加速

図 1.9 サイクロトロン加速器の構成

この状態で二つの D の間に高周波電圧を印加すると，電子は二つの D の間を通過するときに電界によって力を受ける．そして，電子が D の間を通過する周期と高周波電圧の周期とを合わせると，D の間を通過するたびに電子が加速されて徐々に速度が

大きくなる．速度の増加に伴い，式 (1.11) に示されるように円運動の半径も速度に比例して徐々に大きくなる．このように，D の間の電界で加速され続けて電子の速度はどんどん大きくなるが，電子の速度が光の速度に近くなってくると，相対性理論の効果によって電子は加速されにくくなり，最終的に，電子の速度はサイクロトロンの半径で決まる一定値となる．

サイクロトロンは原子核物理学の研究にかぎらず，がんの粒子線治療や PET（ポジトロン断層法（positron emission tomography））診断に用いられる放射性薬剤を製造するために，病院などにも設置されている．このように，私達は意外なところでサイクロトロンの恩恵を受けていることになる．

コーヒーブレイク◯ ブラウン管とX線

加速された電子が急に方向を変えたり停止したりすると，電磁波が発生する．この現象は**制動放射**（bremsstrahlung）とよばれ，連続したスペクトルをもつ X 線を発生させることができる†．健康診断のときに受ける胸部 X 線検査に用いる X 線も，加速した電子を銅などの金属のブロックに衝突させて X 線を発生させている．これと同じことは，かつてテレビで使われていたブラウン管のスクリーンでも起こっている．電子銃から放射された電子は，高電圧で加速されてスクリーンの蛍光体を発光させているが，同時に X 線も発生させている．ブラウン管では，厚い鉛ガラスで覆うことで X 線を防いでいるが，ごくわずかな X 線が漏れる可能性がある．そのため，目の角膜が身体でもっとも放射線に弱い箇所の一つであるという観点からも，テレビなどのブラウン管は離れて見るほうが好ましいかもしれない．

演習問題

[1] 1.5×10^4 [m/s] の速度で入射する電子を，長さ 3 [cm]，電極間隔 2 [cm] の平行平板電極の出口で 30° 偏向したい．電極に加える電圧を求めよ．

[2] 加速電圧が 200 [kV] の透過型電子顕微鏡（TEM: transmission electron microscope）で電子を加速した．電子のド・ブロイ波長を求めよ．

[3] 光の速度の 0.8 倍の速度の電子を，直径 2 [m] で円運動させたい．必要な磁界の大きさを求めよ．

[4] 粒子加速器で電子を光の速度の 0.99 倍にまで加速した．そのときの電子の質量を求めよ．

† 制動放射による連続したスペクトルをもつ X 線を白色 X 線（white X-ray），また，電子線が衝突した金属の電子軌道に由来する波長の X 線を特性 X 線（characteristic X-ray）とよぶ．

第2章 原子中の電子

自然界には 92 種類の原子があるが，そのもっとも単純なものは，1 個の陽子と 1 個の電子からできている水素原子である．ボーアは，水素原子内には中心に正の電荷をもつ陽子があり，そのまわりを負の電荷をもつ電子が円運動しているものとして，二つの仮説のもとで水素原子中の電子の状態を求め，実験とよく一致することを示した．本章ではボーアが提唱したモデルについて学び，原子内の電子の運動を理解しよう．

2.1 水素原子の発光スペクトル

図 2.1 のように，真空にしたガラス管に少量の水素ガスを入れて電極に高電圧を加えて放電させると，放電によって生じる光は，水素原子固有の波長で構成される**発光スペクトル**（emission spectrum）を示す．この発光スペクトルは，紫外線から可視光領域にわたるいくつかの波長の輝線でできており，それぞれの輝線の波長 λ は，

$$\frac{1}{\lambda} = R\left(\frac{1}{2^2} - \frac{1}{n^2}\right) \quad (n = 3, 4, 5 \cdots) \tag{2.1}$$

で表されることが知られていた．その後，測定機器の性能向上に伴い，可視光から赤外線まで広い範囲での発光スペクトルの観測が可能になると，それらの輝線の波長はいずれも

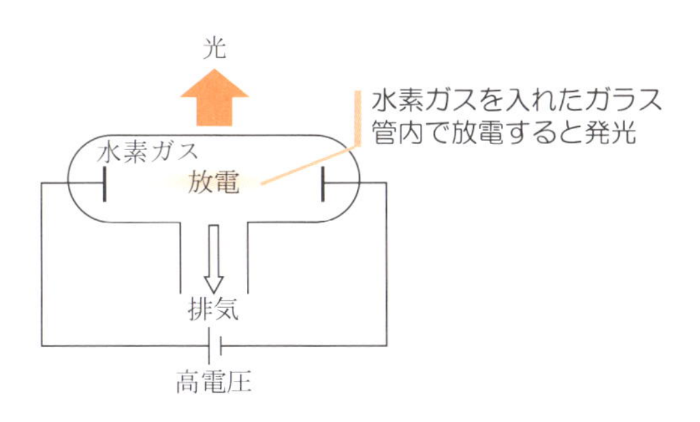

図 2.1　水素原子の発光スペクトル

$$\frac{1}{\lambda} = R\left(\frac{1}{m^2} - \frac{1}{n^2}\right) \quad (m = 1, 2, 3\cdots, \quad n = m+1, m+2, m+3\cdots) \tag{2.2}$$

のような式で与えられることがわかった．ここで，R は**リュードベリ定数**（Rydberg constant）とよばれる定数であり，1.097×10^7 [m^{-1}] の値をもつ．しかし，水素原子からの輝線の波長がこのように単純な式で表されるにもかかわらず，この輝線がどのような機構で生じているのかは，長い間不明であった．

2.2　ボーアのモデル

この水素原子からの輝線スペクトルに明快な解答を与えたのがボーア（Niels Bohr: 1885–1962）であった．それまでの水素原子は，長岡半太郎（1865–1950）により，中心に正の電荷をもつ原子核があり，そのまわりを負の電荷をもつ電子が円運動しているような構造をしているとされていた．このモデルに，ボーアは以下に述べる二つの仮説を導入して電子の軌道半径やエネルギーを算出し，そのエネルギーから求めた水素原子の発するスペクトルが式 (2.2) で表され，そこから求めた波長が実測値とよく一致することを示した．これを**ボーアのモデル**（Bohr's model）という（図 2.2）．以下では，ボーアのモデルに基づいて電子の軌道とエネルギーを求めよう．

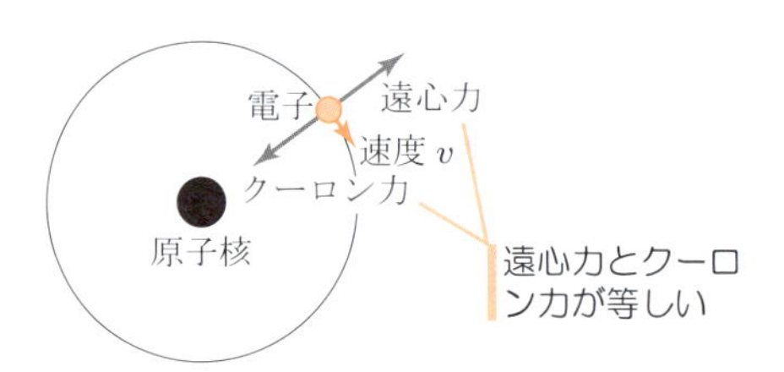

図 2.2　ボーアのモデル

仮説 1　量子条件（quantum conditon）

水素原子のまわりを回る電子は，次式で定められる軌道上でのみ，エネルギーを失うことなく安定して円運動を続ける．

$$rmv = \frac{h}{2\pi}n \quad (n = 1, 2, 3\cdots) \tag{2.3}$$

ここで，r は軌道半径，m は電子の質量，v は電子の速度，h はプランク定数である．それまでの常識では，電荷をもっている粒子が進行方向を変えると電磁波が発生し，エネルギーを失うとされていた．電子線を金属に衝突させて停止させ，X線を発生させる場合はその代表例である．原子核のまわりを回る電子は，運動の方向が常に変化している．そのため，この仮説を認めなければ，電子は電磁波を発生させながら徐々にエネルギーを失って回転半径が小さくなり，やがて原子核に衝突するため，水素原子として安定に存在できないことになる．

仮説2　振動数条件（frequency condition）

水素原子が光を吸収，放出するのは，量子条件で定められた軌道と軌道の間を遷移（transition）する場合にかぎられる．i番目の軌道とj番目の軌道との間の遷移で吸収もしくは放出される電磁波の振動数νは，

$$\nu = \frac{E_i - E_j}{h} \tag{2.4}$$

で表される値となる．この振動数以外の波長の電磁波が照射されても吸収されることはなく，また，この振動数以外の電磁波が放出されることもない．常に式(2.4)で表される振動数の電磁波だけを吸収したり放出したりすることになる．

これらの二つの仮説のもとで，原子核のまわりを回る電子の状態を求めてみよう．原子核のまわりを半径rで運動する電子には，次式のような遠心力F_Pがはたらく．

$$F_P = \frac{mv^2}{r} \tag{2.5}$$

また，原子核は$+q$の電荷を，また電子は$-q$の電荷をもっているため，これらの電荷の間には次式のようなクーロン力に基づく引力F_Cがはたらく．

$$F_C = \frac{q^2}{4\pi\varepsilon_0 r^2} \tag{2.6}$$

電子が一定の半径で安定した円運動しているときには，これらの遠心力と引力がつり合っているので，

$$\frac{mv^2}{r} = \frac{q^2}{4\pi\varepsilon_0 r^2} \tag{2.7}$$

が成り立つ．

式(2.7)と式(2.3)から速度vを消去して半径rを求めると，

$$r = \frac{\varepsilon_0 h^2}{\pi m q^2} n^2 \quad (n = 1, 2, 3 \cdots) \tag{2.8}$$

となる．この式で n 以外は定数であり，電子の軌道半径 r はこの定数に n^2 をかけた値となる．n は $1, 2, 3 \cdots$ という離散的な値であるので，電子の軌道半径もとびとびの値，すなわち**離散値**（discrete quantity）となることがわかる．ここで，$n = 1$ のときに軌道半径は最小となり，その値は，式 (2.8) より 0.529×10^{-10} [m] となる．したがって，水素原子の直径は約 1×10^{-10} [m] 程度となり，このことから原子の大きさは約 1 Å† といわれている．

軌道半径が求められると，電子のエネルギーを算出することができる．原子核の周囲を円運動する電子のエネルギーは，円運動に伴う運動エネルギーと，クーロン力に基づくポテンシャルエネルギーの和で与えられる．物体の運動エネルギー T は

$$T = \frac{1}{2}mv^2 \tag{2.9}$$

であり，式 (2.9) に式 (2.7) の v を代入して整理すると，

$$T = \frac{q^2}{8\pi\varepsilon_0 r} \tag{2.10}$$

となる．

また，クーロン力に基づくポテンシャルエネルギーは，電磁気学によると，電荷を無限遠点からその位置までもってくるのに必要なエネルギーとして定義される．原子核から r [m] の位置にある電子の受けるクーロン力は，

$$F = \frac{q^2}{4\pi\varepsilon_0 r^2} \tag{2.11}$$

であるので，この力を受けながら $r = \infty$ の無限遠点から r の位置まで電子をもってくるのに必要なエネルギーは，

$$P = \int_{\infty}^{r} \frac{q^2}{4\pi\varepsilon_0 r^2} dr = -\frac{q^2}{4\pi\varepsilon_0} \int_{r}^{\infty} \frac{1}{r^2} dr = -\frac{q^2}{4\pi\varepsilon_0} \left[-\frac{1}{r} \right]_r^{\infty} = -\frac{q^2}{4\pi\varepsilon_0 r} \tag{2.12}$$

となる．電子のもつ全エネルギー E は，式 (2.10) の運動エネルギーと，式 (2.12) のポテンシャルエネルギーとの和なので，

† 結晶の大きさや光の波長，原子の大きさを表すときに，長さの単位として Å がしばしば用いられる．この Å はオングストロームと読み，10^{-10} [m] を意味している．本来は MKSA 単位系である nm（10^{-9} [m]）が用いられるはずであるが，これまでの習慣から Å が用いられ，水素原子の直径も約 1 Å とすることが多い．なお，1 [Å] = 0.1 [nm] である．

$$E = T + P = \frac{q^2}{8\pi\varepsilon_0 r} - \frac{q^2}{4\pi\varepsilon_0 r} = -\frac{q^2}{8\pi\varepsilon_0 r} \tag{2.13}$$

と求められる．

ここで，電子の軌道半径 r は，式 (2.8) で表されるようにとびとびの値をとるので，式 (2.13) で与えられる電子の全エネルギーもとびとびの値となる．式 (2.13) に式 (2.8) を代入し，n 番目の軌道の電子のエネルギー E_n を求めると，

$$E_n = -\frac{mq^4}{8\varepsilon_0^2 h^2}\frac{1}{n^2} \tag{2.14}$$

となる．ここで，エネルギーの値に負符号がついているのは，エネルギーの基準点（エネルギー $= 0$ となる点）を無限遠点にある電子とし，その電子よりも，式 (2.8) で求めた軌道上の電子のエネルギーが低いことを表している．

ボーアの仮説 2 は，軌道間を遷移する電子は，式 (2.14) で求められるエネルギーの差を，電磁波として吸収または放出することを示している．電子が i 番目の軌道から j 番目の軌道に遷移したとすると，そのときに放出される電磁波の振動数は，

$$\begin{aligned}\nu &= \frac{E_i - E_j}{h} = \frac{1}{h}\left(-\frac{mq^4}{8\varepsilon_0^2 h^2 i^2} + \frac{mq^4}{8\varepsilon_0^2 h^2 j^2}\right)\\ &= \frac{mq^4}{8\varepsilon_0^2 h^3}\left(\frac{1}{j^2} - \frac{1}{i^2}\right) \quad (i = j+1,\ j+2,\ j+3\cdots)\end{aligned} \tag{2.15}$$

となる．この振動数を波長になおすと

$$\frac{1}{\lambda} = \frac{\nu}{c} = \frac{mq^4}{8\varepsilon_0^2 h^3 c}\left(\frac{1}{j^2} - \frac{1}{i^2}\right) \quad (i = j+1,\ j+2,\ j+3\cdots) \tag{2.16}$$

となり，式 (2.2) とまったく同じ形になる．式 (2.2) と式 (2.16) とを比較すると，式 (2.2) の R は

$$R = \frac{mq^4}{8\varepsilon_0^2 h^3 c} \tag{2.17}$$

となり，その値を計算すると $1.11 \times 10^7\,[\mathrm{m}^{-1}]$ となる．この値はそれまで知られていたリュードベリ定数の値 $1.097 \times 10^7\,[\mathrm{m}^{-1}]$ とほぼ一致する．このことは，ボーアのモデルとその仮説が正しいことを示唆している．

例題 2.1　式 (2.8) および式 (2.17) より，$n = 1$ における水素原子の直径とリュードベリ定数を計算せよ．

解　式 (2.8) に $n=1$ を代入して計算すると，

$$r = \frac{\varepsilon_0 h^2}{\pi m q^2} n^2 = \frac{8.85\times10^{-12}\times\left(6.6\times10^{-34}\right)^2}{3.14\times9.11\times10^{-31}\times(1.6\times10^{-19})^2}\times1^2 = 5.3\times10^{-11}\,[\mathrm{m}]$$

となる．水素原子の直径はこの倍なので，

$$D = 5.3\times10^{-11}\times2 = 1.1\times10^{-10}\,[\mathrm{m}] = 1.1\,[\text{Å}]$$

となる．リュードベリ定数は，式 (2.17) より

$$R = \frac{mq^4}{8\varepsilon_0^2 h^3 c} = \frac{9.11\times10^{-31}\times\left(1.6\times10^{-19}\right)^4}{8\times(8.85\times10^{-12})^2\times(6.6\times10^{-34})^3\times3.0\times10^8}$$
$$= 1.1\times10^7\,[\mathrm{m}^{-1}]$$

と求められる．

コーヒーブレイク◯ 数値計算

演習問題のような数値計算は，単に記号に数値を入れているだけだと思われがちである．しかし，具体的な数値を用いて実際に計算することで，どのくらい大きな値か，または小さな値かといった数字の大きさを実感でき，記号で見るのとは違った視点で見ることができる．このように，具体的な数字を扱うことはきわめて有用である．以降でも，出てきた式に具体的な値を入れて計算することを勧める．

また，式 (2.17) の場合などは，そのまま計算を行うと，電卓によってはアンダーフローにより答えが得られない場合も出てくるため，計算の順序などを考慮しなければならないことも体験できる．このアンダーフローやオーバーフローの問題は，電卓にかぎらず，ワークステーションやパソコンでも生じる問題である．

2.3 水素原子スペクトルとの対比

ボーアのモデルにより，水素原子内の電子のエネルギーを計算することができた．このエネルギーの差から，式 (2.16) を用いて水素原子スペクトルの発光波長を算出することが可能となる．放電のエネルギーをもらって高いエネルギーの軌道に移った電子が，もっともエネルギーの低い $n=1$ の軌道に移るときに放出する光は，式 (2.16) において $j=1$ とすることで求められる．この一連の光を，発見者の名前を取ってライマン（Theodore Lyman: 1874–1954）系列とよんでいる．同様に，高いエネルギーの軌道から $n=2$ の軌道に移るときに発する光は，式 (2.16) において $j=2$ とすることで求められ，この一連の光を，バルマー（Johann Jakob Balmer: 1825–1898）系列

とよんでいる．また $n=3$ の軌道に移るときの光をパッシェン（Friedrich Paschen: 1865–1947）系列，$n=4$ の軌道に移るときの光をブラケット（Frederick Sumner Brackett: 1896–1972）系列とよび，それらはそれぞれ式 (2.16) で $j=3$，$j=4$ とすることで計算できる．図 2.3 には，これら四つの系列の遷移の様子を示す．

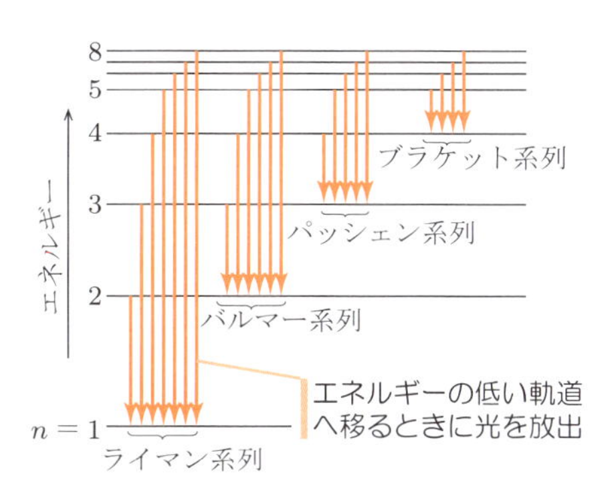

図 2.3 水素原子内の電子の遷移と，それに基づく発光スペクトル

このように，水素原子においては，電子が高いエネルギーの軌道から低いエネルギーの軌道に移るときに放出する光の波長を正確に計算でき，その計算結果は実測値とよく一致することがわかっている．しかし，このように厳密に計算できるのは単純な構造をもつ水素原子のみであり，水素分子以外の複雑な原子や分子では，もはや厳密な計算はできず，近似計算で求めなければならない．

2.4 量子数とパウリの排他原理

2.4.1 量子数

ボーアは水素原子内で電子が円軌道上を運動しているとして，電子の状態を求め，電子の軌道半径が式 (2.8) で，また，電子のエネルギーが式 (2.14) で表されることを示した．その結果，軌道半径もエネルギーも整数 n によって決まるとびとびの値となり，電子の状態が n によって決められることが明らかとなった．しかし，その後，電子の状態を決めているのは n の値だけではないことがわかってきた．ここでは，電子の状態を決めている四つの**量子数**（quantum number）について学ぼう．

①主量子数

ボーアのモデルのように，電子が円運動している場合には，電子の状態は式 (2.8) および式 (2.14) 中の n のみによって決まる．この n は**主量子数**（principal quantum number）とよばれ，$n=1,2,3\cdots,\infty$ の値をとる．

②方位量子数

ボーアは電子の軌道を円軌道として電子状態を求めたが，ゾンマーフェルト（Arnold Johannes Sommerfeld: 1868–1951）は電子が楕円軌道上を運動するとして，電子状態を求めた．その結果，主量子数で指定された一つの状態のなかに，角運動量の異なるいくつかの量子状態が存在することが示された．この角運動量を指定するのが**方位量子数**（azimuthal quantum number）とよばれる量子数である．方位量子数は記号 l で表され，$l = 0, 1, 2, 3 \cdots, n-1$ の値をとる．

③磁気量子数

原子内では電子が原子核のまわりを円運動しているため，環状電流による磁性をもつことになる．そのため，磁界中に置かれた原子内の電子は磁界からも影響を受ける．この影響の大きさも量子化され，その影響の大きさを表す量子数 m を導入し，これを**磁気量子数**（magnetic quantum number）とよぶ．磁気量子数 m は $m = 0, \pm 1, \pm 2, \pm 3 \cdots, \pm l$ の値をとる．

④スピン量子数

地球が太陽のまわりを公転しながら自転しているように，電子もまた原子核のまわりを運動しながら自転（スピン）している．この自転の向きには2通りがあり，その状態を指定する量子数を**スピン量子数**（spin quantum number）とよぶ．スピン量子数は記号 s で表され，$s = \pm 1/2$ の値をとる．

原子内の電子の状態は n，l，m，s の四つの量子数に支配され，これら四つの量子数を指定することで一義的に決めることができる．

コーヒーブレイク◯ 原理

物理や数学では，多くの定理や法則が存在する．これらの定理や法則は，より基本的な事柄を用いて証明することができる．では，それらの定理や法則の証明に用いた基本的な事柄も，さらに基本的な事柄を用いて証明できるかもしれない．そのようにつぎつぎにさかのぼっていくと，もうこれ以上証明のできない根本的な事項にたどり着く．このように証明できない事項を**原理**（principle）とよぶ．この「原理」は証明できないが，その原理を認めることでほかのすべての事柄が矛盾なく説明できることにより，認められているものである．物理学の世界では「等価原理」，「宇宙原理」，「光速不変の原理」，「量子化の原理」の四つの原理が根本原理として知られている†．

† 吉川圭二 著，「トップ・クォークを求めて」（丸善），p.5, 1985.

2.4.2　パウリの排他原理

前述のように，原子内の電子状態は n，l，m，s の四つの量子数で決まるが，これらの状態に電子を配置するときには，もう一つ注意すべき原理がある．それは 1925 年にパウリ（Wolfgang Ernst Pauli: 1900–1958）が提唱した原理であり，「原子内において特定の状態をもつ電子は一つしかない」というものである．これは，一つの原子内には特定の n，l，m，s の四つの量子数をもつ電子は 1 個しか存在できないことを示しており，**パウリの排他原理**（Pauli exclusion principle）とよばれている．

この原理は一見理解しにくいかもしれないが，私たちが住む 3 次元空間でも，以下のような事柄からも類推できる．たとえば，カップルシートに男性が座ると，そのシートには女性は座れるが，別の男性は座れない．私たちの 3 次元空間と類似のことが，電子の状態を表す空間で生じているだけなのである．

2.5　原子中の電子配置

前節より，原子内の電子の状態が四つの量子数で決定されることがわかった．本節では，具体的に原子中の電子がどのように配置されているかを見ることにしよう．

2.5.1　量子数と電子配置

原子内の電子の状態は n，l，m，s の四つの量子数で決まるが，それぞれの量子数は自由な値をとることができない．それらをまとめると，表 2.1 のようになる．この表に従って原子内に電子を配置してみよう．電子はエネルギーの小さい状態から順次入っていく．一つの状態に電子が入ると，パウリの排他原理によって，つぎの電子は同じ状態には入れないことを考慮すると，表 2.2 のようになる．なお，方位量子数 $l = 0, 1, 2, 3$ の軌道をそれぞれ **s 軌道**，**p 軌道**，**d 軌道**，**f 軌道**[†]とよび，それぞれに主量子数 n の値を付けて，**1s 軌道**，**2s 軌道**などのようによんでいる．この軌道名も表中に記載している．この表から，$n = 1$ の軌道には 2 個，$n = 2$ の軌道には 8 個，$n = 3$ の軌道

表 2.1　四つの量子数

量子数	記号	値
主量子数	n	$1, 2, 3 \cdots, \infty$
方位量子数	l	$0, 1, 2 \cdots, n-1$
磁気量子数	m	$0, \pm 1, \pm 2 \cdots, \pm l$
スピン量子数	s	$\pm 1/2$

† s: sharp, p: principle, d: diffuse, f: fundamental の頭文字．

表 2.2　量子数と電子数

量子数				電子数	軌道名
n	l	m	s		
1	0	0	±1/2	2	1s
2	0	0	±1/2	2	2s
		−1			
	1	0	±1/2	6	2p
		1			
3	0	0	±1/2	2	3s
		−1			
	1	0	±1/2	6	3p
		1			
		−2			
		−1			
	2	0	±1/2	10	3d
		1			
		2			
4	0	0	±1/2	2	4s
		−1			
	1	0	±1/2	6	4p
		1			
		−2			
		−1			
	2	0	±1/2	10	4d
		1			
		2			
		−3			
		−2			
		−1			
	3	0	±1/2	14	4f
		1			
		2			
		3			

には18個の電子が入れることがわかる．また，s軌道にはそれぞれ2個，p軌道には6個，d軌道には10個，f軌道には14個の電子がそれぞれ入れることがわかる．

2.5.2　原子中の電子配置

いままでは，原子内に多数の電子が存在するときに，それぞれの電子がどのように電子軌道に入っていくかについてみてきた．ここでは，具体的な原子中で電子がどのように配置されるかを考えよう．原子には原子番号と同数の電子が存在しており，それらの電子が，エネルギーの低い軌道から順次入っていくことになる．原子番号1の水素は電子が1個だけなので，1s軌道に1個入る．原子番号2のヘリウムは1s軌道に電子が2個入って，1s軌道がちょうど満杯となる．その結果，ヘリウム原子はきわめて安定な**希ガス**（rare gas）となる．

1s軌道が満杯になると，つぎにエネルギーの低い2s軌道に電子が入り，2s軌道に2個の電子が入って満杯になると，2p軌道に電子が入る．原子番号10のNeでは2p軌道に6個の電子が入り，再び安定な希ガスになる．その後は$n=3$の軌道，$n=4$の軌道が順次埋まっていくことになる．この様子を表2.3に示す．

表2.3を見ると，原子番号18のArまでは主量子数nの小さな準位から順に電子が入っているが，原子番号19のKからは，主量子数$n=3$の3d軌道よりも，$n=4$の4s軌道に先に電子が入っているのがわかる．これは，3d軌道よりも4s軌道のほうが

表 2.3 原子中の電子配置

原子番号	元素記号	1s	2s	2p	3s	3p	3d	4s	4p	4d	4f
1	H	1									
2	He	2									
3	Li	2	1								
4	Be	2	2								
5	B	2	2	1							
6	C	2	2	2							
7	N	2	2	3							
8	O	2	2	4							
9	F	2	2	5							
10	Ne	2	2	6							
11	Na	2	2	6	1						
12	Mg	2	2	6	2						
13	Al	2	2	6	2	1					
14	Si	2	2	6	2	2					
15	P	2	2	6	2	3					
16	S	2	2	6	2	4					
17	Cl	2	2	6	2	5					
18	Ar	2	2	6	2	6					
19	K	2	2	6	2	6		1			
20	Ca	2	2	6	2	6		2			
21	Sc	2	2	6	2	6	1	2			
22	Ti	2	2	6	2	6	2	2			
23	V	2	2	6	2	6	3	2			
24	Cr	2	2	6	2	6	5	1			
25	Mn	2	2	6	2	6	5	2			
26	Fe	2	2	6	2	6	6	2			
27	Co	2	2	6	2	6	7	2			
28	Ni	2	2	6	2	6	8	2			
29	Cu	2	2	6	2	6	10	1			
30	Zn	2	2	6	2	6	10	2			
31	Ga	2	2	6	2	6	10	2	1		
32	Ge	2	2	6	2	6	10	2	2		
33	As	2	2	6	2	6	10	2	3		
34	Se	2	2	6	2	6	10	2	4		
35	Br	2	2	6	2	6	10	2	5		
36	Kr	2	2	6	2	6	10	2	6		

■：半導体として使う元素
□：半導体の添加物として使う元素

エネルギーが低いことを示している．また，原子番号 21 の Sc からは，4s 軌道よりも内側にある 3d 軌道には空きがあることがわかる．内側の軌道に空きがある結果，これらの元素は複数の酸化数をもったり，常磁性を示すなど，ほかの元素にはない特異な性質を示す．そして，これらの元素は金属元素であることから，原子番号 21 の Sc から原子番号 30 の Zn までの元素をとくに**遷移金属**（transition metal）とよんでいる．

これら多くの元素の電子配置を覚える必要はないが，半導体工学で用いられる元素として，それ自体が半導体となる炭素 C，ケイ素（シリコン）Si およびゲルマニウム Ge の Ⅳ 族元素を表中で■で示している．また，これらの半導体にわずかの量を添加して，もとの半導体の電気的性質を制御するために用いられる Ⅲ 族と V 族の元素を□で示している．半導体工学で頻繁に出てくるこれらの元素については，その電子配置を理解しておく必要がある．

プラス α　混成軌道

原子番号 14 のケイ素では，表 2.3 に示すように，1s 軌道に 2 個，2s 軌道に 2 個，2p 軌道に 6 個，3s 軌道に 2 個，3p 軌道に 2 個の計 14 個の電子が配置されている．もっとも外側の電子である 3p 軌道の 2 個の電子が，通常は化学結合に関与するが，ケイ素の場合は 3s 軌道の 1 個の電子が 3p 軌道に励起され，さらに 3s 軌道の残りの 1 個の電子と，3p 軌道の 3 個の電子が混じりあった**混成軌道**（hybridized orbital）とよばれる新たな軌道をつくる．この混成軌道は，1 個の 3s 軌道の電子と 3 個の 3p 軌道の電子によって構成されているため，sp^3 混成軌道とよばれる．この混成軌道に存在する 4 個の電子はたがいに等価で，楕円軌道はテトラポットのように正四面体の頂点方向を向く．これらの電子が隣接するケイ素原子の混成軌道の電子と共有結合することで，ダイヤモンド構造とよばれる結晶をつくっている．

演習問題

[1]　水素原子の電子に実際にはたらいている遠心力の大きさを求めよ．

[2]　$n=1$ の軌道を回る電子の速度を求めよ．

[3]　水素原子中の基底状態の電子（$n=1$）を真空準位まで励起するのに必要なエネルギーを求めよ．

[4]　ボーアの仮説 1 について説明せよ．

[5]　バルマー系列のスペクトルの波長を $i=3\sim6$ まで求めよ．

第3章 固体中の電子

真空中の電子は，ほかから影響を受けることなく自由に運動しており，また，水素原子中の電子は，原子核からの影響だけを受けて運動していた．しかし，私たちが通常目にする金属や半導体といった固体中の電子は，固体を構成している多くの原子核や電子から無数の力を受けながら運動しており，真空中や水素原子中とは異なった振舞いを示す．本章では，固体中の電子の振舞いを記述するときの基本となる考え方と，固体中の電子が従う基本となる方程式について学習しよう．

3.1 シュレディンガーの波動方程式

電子は粒子であると同時に，結晶格子で回折することから，波としての性質もあることが知られている．ボーアのモデルのように，真空中の電子は粒子として扱っても大きな問題は生じない．しかし，原子が電子の波の波長程度の間隔で並んでいる固体中では，電子の波としての性質が強く出てくるため，電子を波として取り扱う必要性が出てくる．

粒子としての電子は，座標と運動量とでその状態を表すことができる．一方，波としての電子の状態を表すためにはどのようにすればよいだろうか？ 交流電流のような波は，三角関数で表されていたことを思い出そう．電子の波も電気の波と同様に関数で表す必要があり，その電子の波を表す関数を**波動関数**（wave function）とよぶことにする．そして，この波動関数を解とする方程式が**波動方程式**（wave equation）である．

一般的な波の挙動を表す波動方程式は，次式のように書ける．

$$\frac{\partial^2 \psi}{\partial x^2} = \frac{1}{v^2}\frac{\partial^2 \psi}{\partial t^2} \tag{3.1}$$

ここで，ψ は波を表す物理量であり，音の波なら空気の圧力，水の波なら波の高さであり，座標（場所）x と時間 t との関数となる．

この方程式の解は

$$\psi(x,t) = \varphi(x)\exp(-i\omega t) \tag{3.2}$$

となり，座標 x のみの関数 $\varphi(x)$ と，時間 t のみの関数との積の形で表すことができる．式 (3.2) を式 (3.1) に代入すると，

$$\frac{d^2\varphi(x)}{dx^2} + \left(\frac{\omega}{v}\right)^2 \varphi(x) = 0 \tag{3.3}$$

となって時間に関する項がなくなり，座標 x のみの方程式となる．ここで，電子の波長を λ とすると，速度は波長と振動数の積で表されるので，$v = \lambda\nu = \lambda\omega/2\pi$ を式 (3.3) に代入して，

$$\frac{d^2\varphi(x)}{dx^2} + \left(\frac{2\pi}{\lambda}\right)^2 \varphi(x) = 0 \tag{3.4}$$

となる．ここで，$2\pi/\lambda$ は 2π [m] に波がいくつあるかを示す数であり，**波数**（wave number）とよばれ，通常 k で表す．この波数 k を用いて式 (3.4) を表すと，

$$\frac{d^2\varphi(x)}{dx^2} + k^2\varphi(x) = 0 \tag{3.5}$$

となり，この方程式の解は

$$\varphi(x) = A\exp(ikx) + B\exp(-ikx) \tag{3.6}$$

となる．これが式 (3.5) の解であることは，式 (3.6) を式 (3.5) に代入すれば容易に確かめられる．ここまでは電子の波でなくても，一般的な波でも成立する式である．

ここで，電子の波と一般の波との橋渡しをする式 (1.15) であるド・ブロイの関係を適用する．電子の全エネルギーを E，運動エネルギーを T，ポテンシャルエネルギーを V とすると，運動エネルギーは

$$T = \frac{1}{2}mv^2 = \frac{p^2}{2m} = E - V \tag{3.7}$$

となるので，電子波の波長 λ は，式 (1.15) より

$$\lambda = \frac{h}{p} = \frac{h}{\sqrt{2m(E-V)}} \tag{3.8}$$

となる．この λ を式 (3.4) に代入すると，電子波が従うべき方程式がつぎのように得られる．

$$\frac{d^2\varphi(x)}{dx^2} + \frac{8\pi^2 m}{h^2}(E-V)\varphi(x) = 0 \tag{3.9}$$

式 (3.9) は電子の振舞いを表す基本的な式であり，時間を含まない**シュレディンガーの波動方程式**（Schrödinger's wave equation, Erwin Schrödinger: 1887–1961）とよばれている．この式を解くことにより，時間によって変化しない**定常状態**（steady state）での電子の状態を求めることができる．

コーヒーブレイク◯ 波動関数の意味とボルンの解釈(Copenhagen interpretation)

普通の波は，どのような物理量の変化を表しているかが明確であるが，電子の波動関数 ψ がどんな物理量なのかは，長い間はっきりしなかった．ψ の絶対値の 2 乗が，波特有の現象である干渉縞を表していることはわかっていたが，短時間の測定で電子の数が少ないときには干渉縞は表れず，電子は粒子のように振る舞ったため，電子を「波」として扱うことに疑問が挟まれた．マックス・ボルン（Max Born: 1882–1970）はこれを解決するために確率の概念を導入し，「波動関数 ψ の絶対値の 2 乗がその場所での電子の存在確率を表す」と解釈した．この解釈では，電子の存在確率の高いところで干渉縞が濃くなり，存在確率の低いところでは淡くなることになる．このように，ボルンは確率を導入することで波と粒子という電子の二面性を見事に説明したのである．

例題 3.1 5×10^6 [eV] のエネルギーをもつ電磁波（γ 線）の真空中での波長，振動数，運動量を求めよ．

解 電磁波の伝搬速度は光速 c に等しいので，波長を λ，振動数を ν，運動量を p とすると，波長 λ は

$$\lambda = \frac{c}{\nu} = \frac{hc}{h\nu} = \frac{hc}{E}$$

となり，振動数 ν は

$$\nu = \frac{E}{h}$$

となる．運動量 p は，式 (3.8) より

$$p = \frac{h}{\lambda} = \frac{h}{c/\nu} = \frac{h\nu}{c} = \frac{E}{c}$$

となる．これらの式に $E = 5 \times 10^6$ [eV] $= 5 \times 10^6 \times 1.6 \times 10^{-19}$ [J] を代入すると，波長 λ は

$$\lambda = \frac{hc}{E} = \frac{6.6 \times 10^{-34} \times 3 \times 10^8}{5 \times 10^6 \times 1.6 \times 10^{-19}} = 2.5 \times 10^{-13}\ [\mathrm{m}]$$

と求められる．振動数 ν は

$$\nu = \frac{E}{h} = \frac{5 \times 10^6 \times 1.6 \times 10^{-19}}{6.6 \times 10^{-34}} = 1.2 \times 10^{21}\ [\mathrm{Hz}]$$

となり，運動量 p は

$$p = \frac{E}{c} = \frac{5 \times 10^6 \times 1.6 \times 10^{-19}}{3 \times 10^8} = 2.7 \times 10^{-21} [\mathrm{kg \cdot m/s}]$$

と求められる.

3.2 ゾンマーフェルトのモデル

シュレディンガーの波動方程式の応用例として，金属中の電子を考えよう．金属中には無数の電子が存在し，そのなかには金属内を自由に移動できる**自由電子**（free electron）が含まれている．この自由電子によって，金属は電気を伝える**導体**（conductor）となっている．この自由電子のなかの一つの電子に着目し，金属内には一つの電子だけが存在すると仮定して，電子の振舞いをみてみよう．このモデルを**ゾンマーフェルトのモデル**（Sommerfeld model）とよぶ.

1.3節で説明したように，光を照射して電子に一定以上のエネルギーを与えると，金属内の電子を金属外に取り出すことができる．この光電効果から，金属内の電子よりも金属外の電子のほうが高いエネルギーをもっていることがわかる.

図3.1(a)に示すような，長さLの細長い金属棒を考えよう．この棒に沿って電子から見たエネルギーをx方向で考えると，図(b)のように，金属内である$0 < x < L$の範囲では電子のエネルギーは小さく，逆に$x < 0$，$L < x$となる金属の外部では電子のエネルギーが高くなる．式(3.9)のポテンシャルエネルギーVに，このポテンシャルエネルギーの形状を代入して方程式を解くことで，金属内の電子の状態を求めることができる.

図3.1(b)に示すポテンシャルエネルギーVの形をそのまま式(3.9)に代入して方程式を解くことは困難なので，金属の内部と外部とに領域を分けて別々に解いてみよ

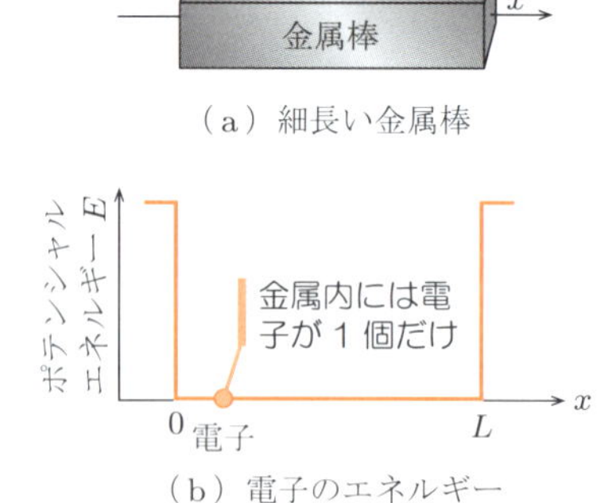

図3.1　ゾンマーフェルトの金属モデル

う．簡単のために，金属内の電子のエネルギーは0，そして金属外部では∞と仮定する．そうすると，エネルギーが∞の場所には電子が存在できないので，金属外部には電子が存在せず，$0 < x < L$の範囲の金属内部についてのみ，式 (3.9) を解けばよいことになる．

$0 < x < L$の範囲では$V = 0$なので，式 (3.9) は次式のようになる．

$$\frac{d^2\varphi(x)}{dx^2} + \frac{8\pi^2 m}{h^2} E\varphi(x) = 0 \tag{3.10}$$

式 (3.10) の解は

$$\varphi(x) = A\exp(ikx) + B\exp(-ikx) \tag{3.11}$$

となる．式 (3.11) が式 (3.10) の解であることは，式 (3.11) を式 (3.10) に代入することで容易に確かめられる．式 (3.11) をxで2回微分すると，

$$\frac{d^2\varphi(x)}{dx^2} = -k^2\varphi(x) \tag{3.12}$$

となる．これを式 (3.10) に代入すると，

$$k^2 = \frac{8\pi^2 m}{h^2} E = \frac{(2\pi)^2}{h^2} 2mE \tag{3.13}$$

となり，式 (3.11) のkの値が求められる．また，式 (3.11) の係数AとBは，境界条件より求められる．境界条件は金属の両端$x = 0$, Lで$V = \infty$である．エネルギーが∞の場所には電子が存在しないので，この場所では$\varphi(x) = 0$となる．これより，$x = 0$と$\varphi(x) = 0$を式 (3.11) に代入すると，

$$A + B = 0 \qquad \therefore \quad B = -A \tag{3.14}$$

となり，式 (3.11) はつぎのようになる．

$$\varphi(x) = A\{\exp(ikx) - \exp(-ikx)\} = 2iA\sin kx = C\sin kx \tag{3.15}$$

ただし，$C = 2iA$である．また，もう一方の端$x = L$でも$\varphi(x) = 0$となるので，これを式 (3.15) に代入すると，

$$C\sin kL = 0 \qquad \therefore \quad \sin kL = 0 \tag{3.16}$$

となる．式 (3.16) が成り立つためには

$$k_n L = n\pi \qquad (n = 1, 2, 3\cdots) \tag{3.17}$$

でなければならないことがわかる．ここで，k_n の添字 n は電子の状態を表しており，右辺の n が1のときは k_1，2のときは k_2 となる．

式 (3.15)〜(3.17) より，金属内の電子の波動関数 $\varphi(x)$ は

$$\varphi_n(x) = C\sin\left(\frac{n\pi}{L}x\right) \tag{3.18}$$

となる．φ_n の添字 n も k_n の場合と同様である．また，式 (3.13) より，状態 n に対応する電子のエネルギーは

$$E_n = \frac{h^2 k_n^2}{8\pi^2 m} = \frac{n^2 h^2}{8mL^2} \tag{3.19}$$

となり，n の2乗に比例して大きくなることがわかる．

最後に残った式 (3.18) の係数 C は，以下に述べる規格化条件から求めることができる．

電子の波動関数の実態は長い間論争の的であったが，現在では電子の波動関数の絶対値の2乗がその場所での電子の存在確率を表すという解釈が定説となっている（**コーヒーブレイク　ボルンの解釈** 参照）．ここでは，金属内の電子1個を考えており，金属外には電子が存在しないので，電子は金属内のどこかに必ず存在しているはずである．そこで，式 (3.18) で表される波動関数の絶対値を2乗した存在確率 $|\varphi|^2$ を $0 < x < L$ の範囲で積分すると，電子はその範囲に必ず存在するため，積分値は1になる．すなわち，

$$\int_0^L |\varphi_n(x)|^2 dx = 1 \tag{3.20}$$

が成り立つ．式 (3.20) に式 (3.18) を代入すると，

$$\int_0^L |C|^2 \sin^2\left(\frac{n\pi}{L}x\right) dx = |C|^2 \int_0^L \sin^2\left(\frac{n\pi}{L}x\right) dx \tag{3.21}$$

となり，この積分を実行するために，$n\pi x/L \to X$，$dx \to (L/n\pi)\cdot dX$ と置き換えると，つぎの積分公式が適用できる．

$$\int \sin^2 x dx = -\frac{1}{4}\sin 2x + \frac{x}{2} \tag{3.22}$$

積分を実行すると，

$$|C|^2 \int_0^L \sin^2\left(\frac{n\pi}{L}x\right) dx = \frac{|C|^2 L}{n\pi} \int_0^{n\pi} \sin^2 X dX$$

$$= \frac{|C|^2 L}{n\pi} \left[-\frac{1}{4}\sin 2X + \frac{X}{2} \right]_0^{n\pi}$$

$$= |C|^2 \frac{L}{2} = 1 \tag{3.23}$$

となり，

$$|C| = \sqrt{\frac{2}{L}} \tag{3.24}$$

と求められる．式 (3.24) より $C = \sqrt{2/L}$ とすると，求める波動関数は，式 (3.18)，(3.23) より

$$\varphi_n(x) = \sqrt{\frac{2}{L}} \sin\left(\frac{n\pi}{L}x\right) \tag{3.25}$$

となる．求めた波動関数 $\varphi_n(x)$ と，エネルギー E_n を図 3.2 に示す．エネルギーの値は n の値によってとびとびの値をとるが，実際の金属では L の値がほかの値に比べてきわめて大きく，式 (3.19) の値は非常に小さくなるため，エネルギー E_n は，ほぼ連続しているとして取り扱っても実用上問題はない．

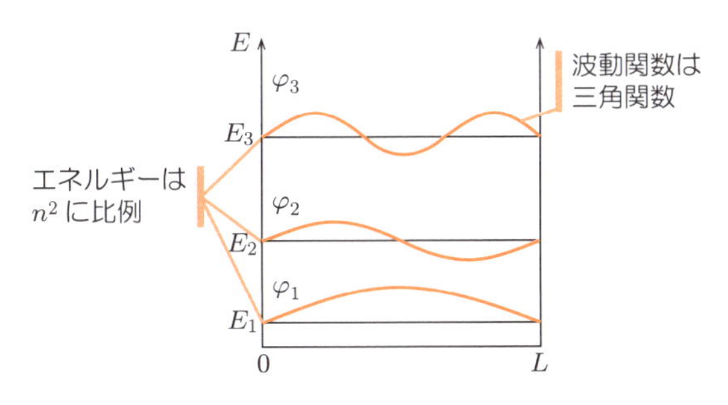

図 3.2　ゾンマーフェルトのモデルから求めた波動関数とエネルギー

例題 3.2　図 3.2 に示すエネルギー E_1，E_2，E_3 をとる電子の存在確率を求めよ．

解　波動関数の絶対値の 2 乗が存在確率を表すので，E_1 では

$$|\varphi_1|^2 = \frac{2}{L}\sin^2\left(\frac{\pi}{L}x\right)$$

同様に，E_2，E_3 では

$$|\varphi_2|^2 = \frac{2}{L}\sin^2\left(\frac{2\pi}{L}x\right)$$

$$|\varphi_3|^2 = \frac{2}{L}\sin^2\left(\frac{3\pi}{L}x\right)$$

となる．これらを図示すると図3.3のようになる．

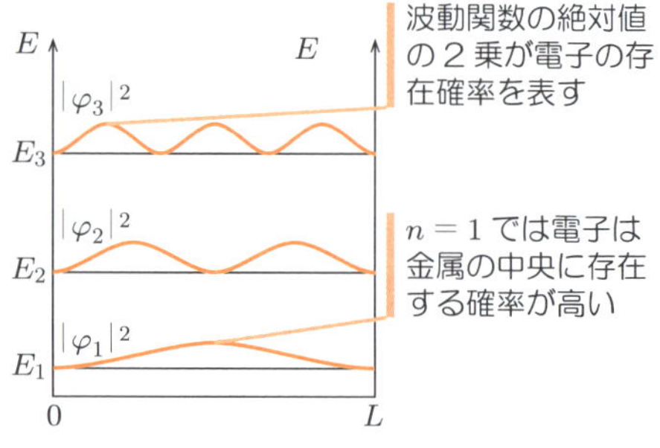

図3.3　電子の存在確率

プラスα　固有値と固有関数

式(3.10)を書き換えると，

$$-\frac{h^2}{8\pi^2 m}\cdot\frac{d^2\varphi(x)}{dx^2} = E\varphi(x)$$

となり，エネルギーEが微分演算子$-\dfrac{h^2}{8\pi^2 m}\dfrac{d^2}{dx^2}$に対応していることがわかる．この$E$を**固有値**（eigen value），もしくはエネルギー固有値（energy eigen value）といい，Eに対応する$\varphi(x)$を**固有関数**（eigen function）とよぶ．

演習問題

[1]　式(3.2)を式(3.1)に代入して式(3.4)を導け．

[2]　式(3.6)が式(3.5)の解であることを，式(3.6)を式(3.5)に代入して確かめよ．

[3]　ゾンマーフェルトのモデルでは，$x=0$と$x=L$でポテンシャルエネルギーを∞と仮定した．もし有限の値なら，どのようなことが予想されるかを説明せよ．

[4]　ゾンマーフェルトのモデルにおいて，金属棒の長さを3[nm]（1[nm]$=10^{-9}$[m]）として，$n=1\sim4$までのエネルギーを求めよ．

[5]　演習問題［4］で金属棒の長さを10[mm]としたとき，$n=1$と$n=2$との間のエネルギー差を求めよ．

第4章 固体のエネルギー帯

ゾンマーフェルトのモデルでは，金属内に電子が1個だけ存在し，その電子の感じるポテンシャルエネルギーも場所によって変化せずに一定の値と仮定した．しかし，実際の固体中の電子は，固体を構成する膨大な数の原子の影響を受ける．また，固体中には無数の電子が存在しており，それらの電子も相互に影響を及ぼし合う．このように，固体中の電子は多くの原子や電子から影響を受ける複雑な状況のなかで運動している．単独の原子中に存在する電子は，第2章で学んだように特定のエネルギーをもつ軌道上を運動しているが，固体中の電子はエネルギー帯とよばれる，ある幅をもったエネルギー領域で運動することになる．本章では，半導体の電気伝導を理解するうえで欠かせないエネルギー帯について学ぼう．

4.1 エネルギー帯の形成

孤立原子のまわりには，原子核がもつ正電荷によってクーロン力を受ける空間が形成されている．電磁気学によると，孤立した原子の周辺のクーロン力によるポテンシャルエネルギーは

$$V(r) = -\frac{q}{4\pi\varepsilon_0 r} \tag{4.1}$$

と表すことができる．ボーアのモデルでは，このポテンシャルエネルギーのなかの特定のエネルギーのところに，電子が安定して存在することができた（図 4.1）．

孤立原子とは異なり，固体中では数多くの原子が並んでいる．電子は隣接する原子核からもクーロン力を受け，図 4.2 に示すように，原子核の間のポテンシャルエネルギーは，孤立原子の場合に比べて小さくなる．その結果，高いエネルギー状態にある電子は，隣接する原子の電子軌道に移れるようになり，電子軌道どうしが干渉するようになる．たとえば，図 4.2 では，$n = 1$〜3 の軌道は隣接する原子核の間のポテンシャルエネルギーが軌道のエネルギーよりも高いため，電子は隣接する原子へ移動できないが，$n = 4$ の軌道では，原子間のポテンシャルエネルギーが軌道のエネルギー

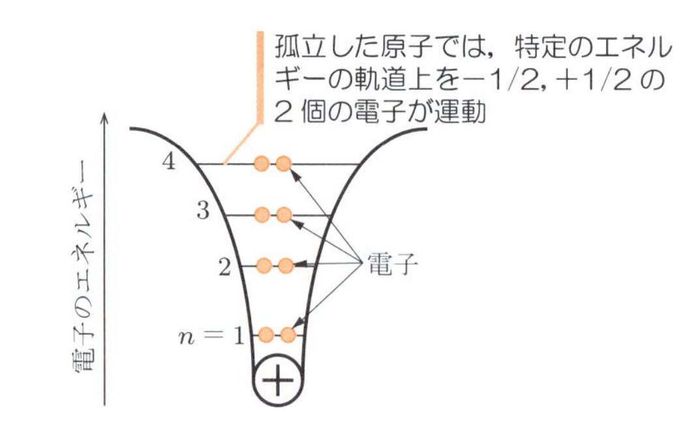

図 4.1　孤立した原子中の位置エネルギー

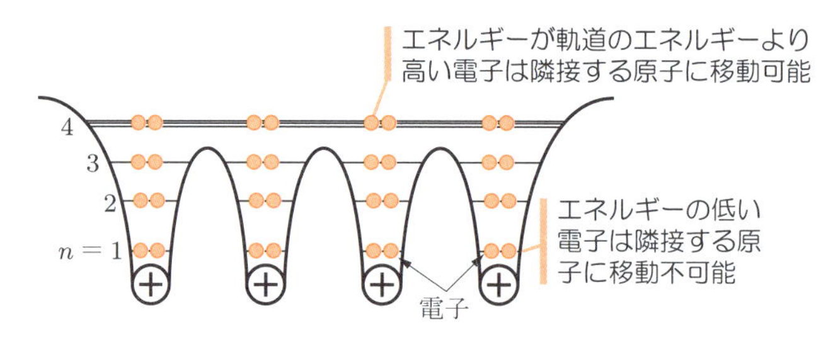

図 4.2　固体中でのエネルギー帯の形成

よりも低くなっているため，電子はもとの原子核を離れて隣の電子軌道へと自由に移動できるようになる．

この状態では，もはや電子軌道は個々の原子によって決まらず，ほかの原子核の電子軌道とたがいに影響し合うことになる．電子軌道が影響し合った結果，同じエネルギーの電子が，同じ電子軌道に多数存在することになり，同じ状態の電子は1個しか存在できないというパウリの排他原理に反することになる．そのため，各原子核の電子軌道のエネルギーの値が，同じエネルギーにならないようにわずかずつ変化してパウリの排他原理を満たすことになる．図4.2の場合には，原子核が4個あるため，各原子核の電子軌道が少しずつずれて，原子核の数に等しい4本の軌道に分かれている．

図4.2は，原子核が1次元の直線上に並んでいる場合であるが，実際の固体は3次元空間に無数の原子核が並んでいる．シリコンの場合，原子数は1 m^3 あたり約 5×10^{28} 個もあるため，混じり合って少しずつエネルギーがずれた電子軌道は，エネルギーが連続して帯のように広がる．このエネルギーが広がった帯を**エネルギー帯**（energy band）とよぶ．固体においては，電子の存在できる軌道はこのようなエネルギーに幅をもつエネルギー帯となっている．

4.2 半導体のエネルギー帯

半導体のエネルギー帯の様子を図 4.3 に示す．電子がとることのできるエネルギー帯がいくつもあり，エネルギー帯とエネルギー帯の間には，電子がとることのできないエネルギー領域が広がっている．半導体内の電子は，エネルギーの小さなほうから順にエネルギー帯に詰まっていく．

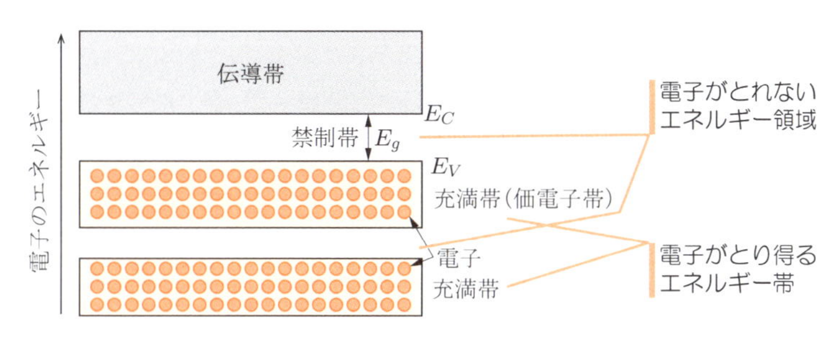

図 4.3 半導体のエネルギー帯

半導体の場合には，あるエネルギー帯までが電子で満たされて，その上のエネルギー帯には電子がまったくなく，空のままになっている．エネルギー帯のうち，電子で満たされたものを**充満帯**（filled band）という．また，充満帯でもっともエネルギーが高いエネルギー帯をとくに**価電子帯**（valence band）とよんでいる．価電子とは化学結合に関与している電子を意味しており，一番エネルギーの高いエネルギー帯にある電子が化学結合に関与することから，このようによばれている．さらに，価電子帯のすぐ上の電子の存在しないエネルギー帯を**伝導帯**（conduction band）とよんでいる．これは，この空のエネルギー帯に価電子帯などから電子が移ってくると，移った電子は自由に移動して電気伝導に寄与することに由来する．そして，価電子帯と伝導帯の間の電子が存在できないところを**禁制帯**（forbidden band）という．禁制帯は**エネルギーギャップ**（energy gap）ともいい，記号 E_g で表す．その大きさは，伝導帯の下端（図 4.3 の E_C）と価電子帯の上端（E_V）とのエネルギー差で表す．

4.3 絶縁体および金属のエネルギー帯

図 4.4(a) に示すように，電気を通さない絶縁体のエネルギー帯は，半導体と同様に価電子帯まで電子で満たされ，その上の伝導帯には電子は存在しない状態になっている．半導体と異なるのは，価電子帯と伝導帯との間のエネルギーギャップ（E_g）の

大きさが半導体よりもはるかに大きく，価電子帯の電子を容易には伝導帯にもち上げ（励起（excite）するという）られないという点である．その結果，絶縁体はほとんど電気を通さない．しかし，バーナーで真っ赤に熱したりして大きなエネルギーを与えると，価電子帯の電子が伝導帯に励起されて，絶縁体も電気を通すようになる．

それに対して，金属のエネルギー帯の様子を図 4.4(b) に示す．半導体では価電子帯が電子で満たされ，伝導帯には電子がないのに対して，金属では最上部のエネルギー帯の途中まで電子が詰まっている．そのため，金属に電界を印加すると，途中まで詰まっているエネルギー帯の最上部の電子は，室温での熱エネルギーよりも小さな，ごくわずかなエネルギーをもらうことで金属内を自由に移動できるようになる．その結果，金属は外部から電界を印加すると，常に電流が流れる導体として振る舞う．

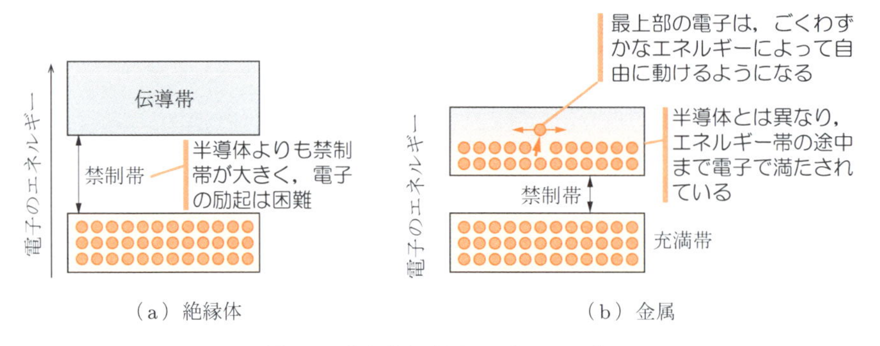

図 4.4　絶縁体と金属のエネルギー帯

4.4 電子と正孔

前述したように，半導体と絶縁体は同様のエネルギー帯の構造をもっており，どちらも価電子帯の電子を伝導帯に励起することで電気を流すようになる．図 4.5 のように，化学結合をしている価電子がエネルギーギャップ以上のエネルギーをもらって伝

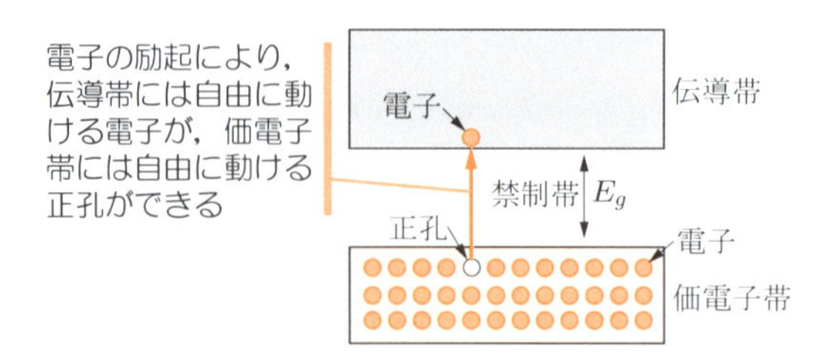

図 4.5　伝導電子と正孔

導帯に励起されると，化学結合に関与して動けなかった電子が化学結合から解放されて，半導体中を自由に移動できるようになる．そしてもとの化学結合の場所には，電子が抜けた穴が残ることになる．

この電子の抜けた穴に隣接する化学結合に関与している電子が移動すると，抜けた穴と隣接する電子の場所が入れ替わることになる．続いて，またその隣の電子と抜けた穴が入れ替わるということを繰り返すと，抜けた穴がつぎつぎと移動することになる．これは，図 4.6 のように，パチンコ玉が詰まった箱を考えるとわかりやすい．浅い箱にパチンコ玉がぎっしり詰まっており，そこから 1 個のパチンコ玉を取り除いて箱を傾けてみよう．すると，取り除いてできた穴に隣接するパチンコ玉がつぎつぎと移って，抜けた穴は傾いた箱のもっとも高い位置まで移動することがわかる．

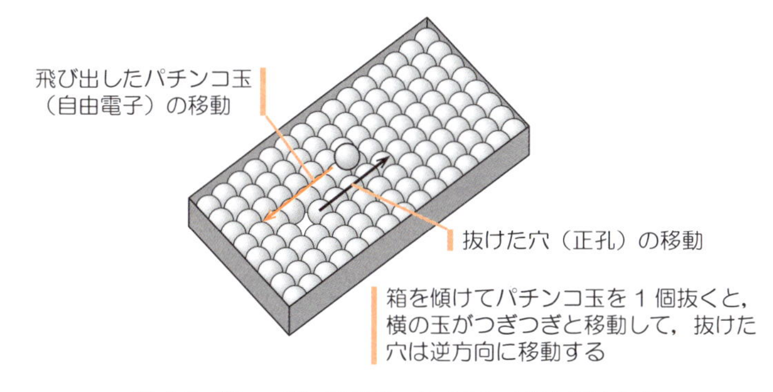

図 4.6 箱いっぱいに詰まったパチンコ玉と抜けた穴

同じことが電子の抜けた穴でも生じる．電子の場合には，電界を印加することがパチンコ玉の箱を傾けることに相当する．シリコンは 4 個の結合の腕（価電子）をもっており，この価電子が隣接する四つのシリコン原子と結合しており，自由に動くことができない．これが箱いっぱいにパチンコ玉が詰まった状態に相当する．

化学結合に関与している電子で埋め尽くされている状態から電子を 1 個取り除くと，負の電荷のなかに 1 箇所だけ電荷のない部分が生じることになる．この電荷のない部分は，負の電荷で満たされた周囲から見ると，まるで正の電荷があるように見える．また，電荷のない部分に外部から電界を印加すると，図 4.7 のように，隣接する電子が電界と反対方向に力を受けて，抜けた穴につぎつぎと移動する．その結果，抜けた穴は電界の方向に移動することになる．電界の方向に移動することからも，電子の抜けた穴が正の電荷をもっているように振る舞うことがわかる．そこで，この電子の抜けた穴を正の電荷をもつ仮想的な粒子として表し，**正孔**（hole）とよぶことにする．以降では，この正孔を $+q$ の電荷をもつ粒子として取り扱う．

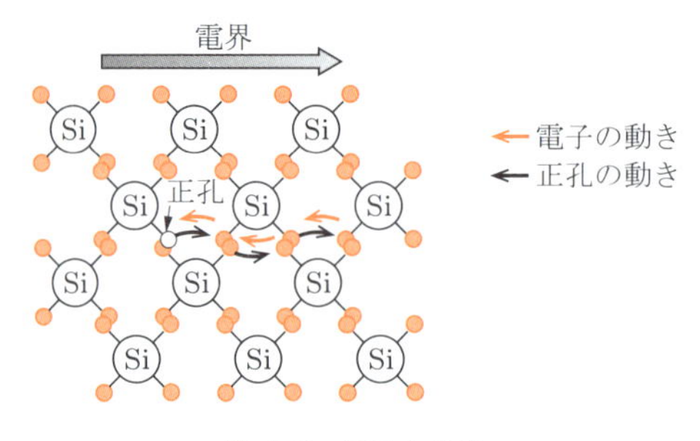

図 4.7　電子と正孔

例題 4.1　実態のない正孔を，正の電荷をもつ粒子として考えてもよい理由を説明せよ．

解　電子のなかに抜けた穴である正孔が一つあるところに電界が印加されたとする（図 4.8）．電子は負の電荷をもっているため，電界と反対方向に力を受ける．電子がぎっしり詰まっていると移動できないが，正孔の右側の電子は正孔に向かってつぎつぎと電子 1 個分の移動を繰り返す．その結果，正孔は正の電荷と同様に電界方向に移動することになり，正の電荷をもつ粒子として取り扱うことができる．

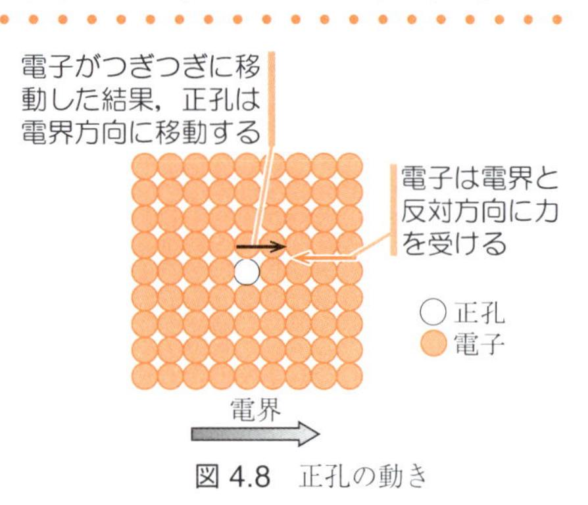

図 4.8　正孔の動き

4.5　ドナー不純物とアクセプタ不純物

半導体や絶縁体で電気伝導を生じさせるには，エネルギーギャップを超えるエネルギーを与えて，化学結合に関与している価電子を伝導帯まで励起する必要がある．しかし，価電子を伝導帯に励起するには大きなエネルギーが必要となる．半導体デバイスを使うたびにこのような大きなエネルギーが必要ならば，効率も悪く，また使用上も都合が悪い．

しかし，半導体に適当な不純物を導入することで，エネルギーギャップよりもはるかに小さなエネルギーで電子や電子の抜けた穴である正孔を発生させることが可能となる．電子や正孔をつくるために不純物を添加した半導体を**外因性半導体**（extrinsic semiconductor）とよぶ．それに対して，不純物を添加しない純粋な半導体を**真性半導体**（intrinsic semiconductor）とよぶ．半導体デバイスで使う半導体のほとんどが，外因性半導体である．

4.5.1　ドナー不純物と n 型半導体

図 4.9 に示すように，シリコン中に微量のⅤ族元素，たとえばリン（P）を添加したとする．リンは化学結合に関与する価電子を五つもっており，シリコンより一つ多い．このうちの四つの価電子は隣接するシリコンとの結合に使われるが，残りの一つは結合に関与せず，リン原子との間のクーロン力で結ばれて，ボーアの水素原子モデルと同様に，リン原子のまわりを回ることになる．このとき，電子は誘電率が真空の 12 倍の半導体（シリコン）中を運動するため，はたらくクーロン力は，真空中で考えたボーアの水素原子モデルの場合の 1/12 の大きさになる．そのため，室温の熱エネルギーや光エネルギーなどのわずかなエネルギーが与えられると，この電子はリン原子から離れてシリコン中を自由に動ける自由電子となる．

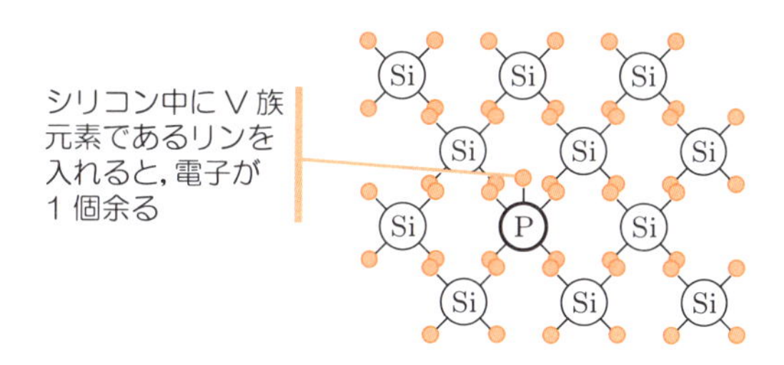

図 4.9　ドナー不純物

シリコンに添加した 1 個のリン原子から 1 個の自由電子が生じることから，シリコンにリンを添加すると，添加したリン原子の数だけ電気伝導に関与できる自由電子が生じることになる．このように，Ⅴ族元素を添加して自由電子をつくった半導体を，**負**（negative）の意味で **n 型半導体**（n-type semiconductor），添加したⅤ族元素を**ドナー不純物**（donor impurity）とよぶ．わずかなエネルギーで伝導帯を自由に動ける電子を供給するドナー準位は，伝導帯の下端の少し下に位置することになる．この様子を図 4.10 に示す．

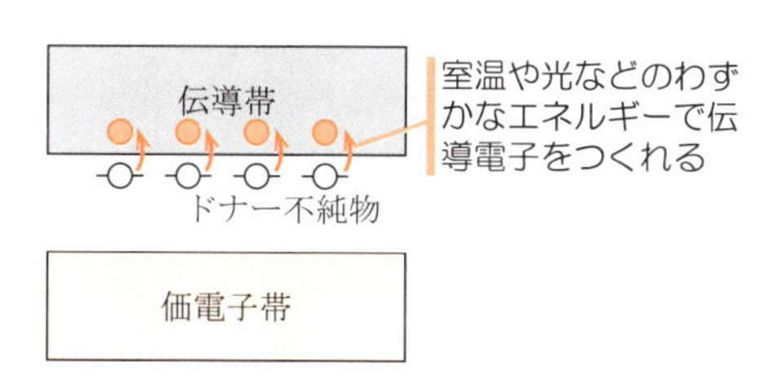

図 4.10　ドナー準位

例題 4.2 ドナー不純物のエネルギー準位が伝導帯のすぐ下に位置している理由を説明せよ．

解 V 族元素であるドナー不純物は，五つの価電子のうち，四つを使ってまわりのシリコンと結合している．残りの一つはクーロン力でドナー不純物に束縛されているが，室温の熱エネルギー程度のわずかなエネルギーで自由に移動できるようになる．自由に移動する電子は，価電子帯の電子にイオン化エネルギーを与えて伝導帯に励起した電子とまったく同じように振る舞う．そのため，ドナーに束縛された五つめの電子のエネルギー準位は，伝導帯からわずかなエネルギーだけ下に位置することになる．

4.5.2 アクセプタ不純物と p 型半導体

n 型半導体では V 族元素を添加したが，今度はホウ素 (B) などの Ⅲ 族元素を添加した場合を考えよう．ホウ素原子では，結合に関与する価電子がシリコンより一つ少なく，3 個しかない．この 3 個の価電子が隣接するシリコンとの結合に関与しても，図 4.11 に示すように，価電子が一つ足りない．この電子の足りないところが電子の抜けた穴，すなわち，正孔と同様に振る舞うことになる．この正孔も電子と同様に，ホウ素原子とクーロン力で結ばれており，ホウ素原子のまわりを回ることになるが，この場合もわずかなエネルギーでホウ素原子から離れてシリコン中を自由に移動するようになる．Ⅲ 族元素を添加したシリコンに電界が印加されると，この正孔が移動して電荷が運ばれ，電流が流れることになる．この場合，添加する不純物を**アクセプタ不純物**（acceptor impurity）といい，アクセプタ不純物を入れた半導体を**正**（positive）の意味から，**p 型半導体**（p-type semiconductor）という．価電子帯の電子はわずかなエネルギーでアクセプタ準位へ移動できるので，アクセプタ準位は，図 4.12 に示すように，価電子帯の上端より少し上に位置することになる．

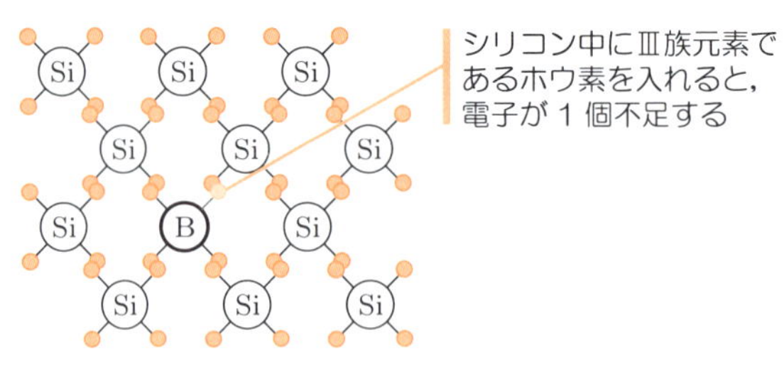

図 4.11　アクセプタ不純物

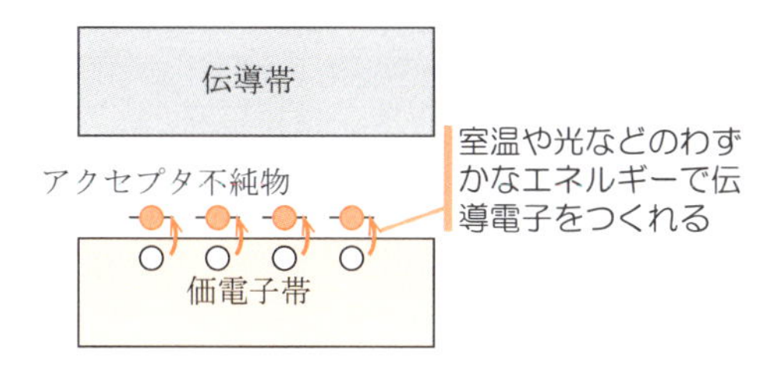

図 4.12 アクセプタ準位

4.5.3 多数キャリアと少数キャリア

アクセプタ不純物を添加した p 型半導体では正孔が，また，ドナー不純物を添加した n 型半導体では自由電子が多数存在する．このように，半導体の p 型か n 型かという，導電型を決めるキャリアを**多数キャリア**（majority carrier）とよぶ．それに対して，p 型半導体中の電子，もしくは n 型半導体中の正孔はごくわずかしか存在しない．このようなキャリアを**少数キャリア**（minority carrier）とよぶ．半導体に電圧を印加したときに，電流を運ぶのは主として多数キャリアである．しかし，少数キャリアはもともとの数が少ないので，その量を少し制御することで，導電率などの半導体の性質を大きく変化させることができる．第 8 章，第 9 章で説明するダイオードやバイポーラトランジスタは，少数キャリアを制御することで整流や増幅などの動作を実現している．

プラス α 化合物半導体と不純物

Si にⅢ族元素を加えると電子が 1 個不足してアクセプタ不純物に，Ⅴ族元素を加えると電子が 1 個余ってドナー不純物になる．では，Si ではなく GaAs のようなⅢ族とⅤ族元素からなる化合物半導体の不純物はどうなるだろうか？ たとえば，Zn などのⅡ族元素を加えると，Ⅲ族元素である Ga を置換してアクセプタになる．逆に，Te などのⅥ族元素を加えると，Ⅴ族元素である As を置換してドナーとなる．

面白いのは，Ⅳ族である Si を不純物として GaAs に加えた場合である．この場合は，Ga と As のどちらを置換するかによってアクセプタとして振る舞ったり，ドナーとして振る舞ったりする．このような不純物を**両性不純物**（amphoteric impurity）とよび，GaAs 赤外線発光ダイオードなどに利用されている．アクセプタになるかドナーになるかは，Si が取り込まれるときの温度などの条件に依存する．

例題 4.3 室温（300 K）においては，アクセプタ不純物やドナー不純物のほとんどが正孔や電子を放出（イオン化）していることを示せ．ただし，アクセプタ準位は価電子帯より 0.03 [eV] 上に，また，ドナー準位は伝導帯よりも 0.025 [eV] 下に位置しているものとする．

解　室温での熱エネルギーは，ボルツマン定数を k とすると，

$$kT = \frac{1.38 \times 10^{-23} \times 300}{1.6 \times 10^{-19}} = 0.026\,[\mathrm{eV}]$$

程度であり，これはアクセプタやドナー不純物のイオン化エネルギーにほぼ等しいため，室温ではアクセプタやドナー不純物のほとんどがイオン化していると考えられる．

演習問題

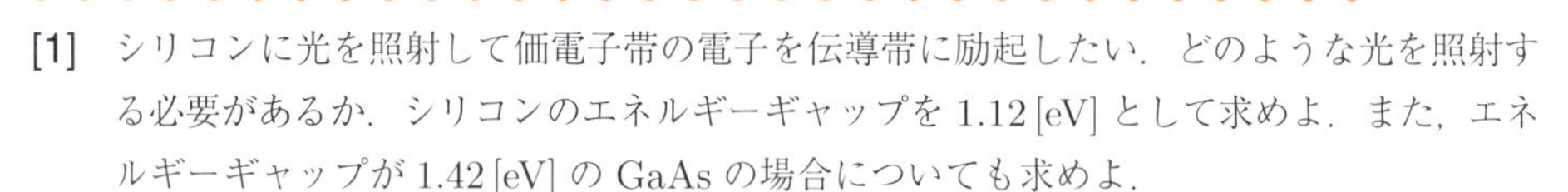

[1]　シリコンに光を照射して価電子帯の電子を伝導帯に励起したい．どのような光を照射する必要があるか．シリコンのエネルギーギャップを 1.12 [eV] として求めよ．また，エネルギーギャップが 1.42 [eV] の GaAs の場合についても求めよ．

[2]　シリコンに添加されたドナー不純物は，室温付近では自由電子を放出して正に帯電し，放出した自由電子は，正に帯電したドナーとの間のクーロン力によって束縛されてドナーのまわりを回っている．電子軌道を円軌道，シリコンの比誘電率を 12 として，その軌道半径を求めよ．

[3]　シリコン中のドナーから電子を奪って自由電子にするのに必要なエネルギーを求めよ．ただし，シリコンの比誘電率は 12 とする．

第5章 キャリア密度と電気伝導率

代表的な半導体デバイスであるトランジスタ（transistor）の語源がトランス－レジスター（trans-resistor）であったことからもわかるように，ほとんどすべての半導体デバイスでは，デバイスを構成する半導体の抵抗を変化させることで電流や電圧を制御している．本章では，半導体の抵抗を決めているキャリア密度が，どんな要因で決まるのかを学ぼう．

5.1 半導体中のキャリア密度

電流の流れにくさの指標である**抵抗率**（resistivity）は，流れやすさの指標である**導電率**（conductivity）σ の逆数で与えられる．半導体の導電率は電子の電荷 q と電子の密度 n，そして後述する電子の動きやすさを表す移動度 μ の積で表すことができる．

$$\sigma = nq\mu \tag{5.1}$$

ここで，q は一定値，μ は結晶の状態などで決まる量であり，これらは自由に変更できない．残る n はキャリアの注入などによって人為的に制御できる．したがって，電子や正孔の密度を制御して半導体の導電率を変化させることにより，半導体デバイスに所望の動作をさせることが可能となる．

半導体中のキャリアはさまざまなエネルギーをもっている．単位体積あたりの半導体のキャリアの数，すなわちキャリア密度は，さまざまなエネルギーをもつ電子の数をすべて足し合わせることで求められる．半導体中のそれぞれのエネルギー状態には，パウリの排他原理により，存在できる電子の数がかぎられている．そのため，半導体中のそれぞれのエネルギー状態に存在する電子の数は，そのエネルギーに存在が許される密度を表す**状態密度関数**（density of states function）と，それぞれのエネルギーに電子が存在する確率を表す**分布関数**（distribution function）の積で求められる．エネルギー E における状態密度関数を $Z(E)$，分布関数を $f(E)$ で表すと，

$$n(E) = Z(E) \times f(E) \tag{5.2}$$

となる．これをすべてのエネルギーについて足し合わせることで，単位体積あたりの

電子数が求められ，

$$n = \int n(E)dE = \int Z(E) \times f(E)dE \tag{5.3}$$

と書ける．ここで，積分範囲は，自由電子の存在する伝導帯の底から無限大である．

プラス α　電子の数と出席者数

式 (5.3) を身近な例で考えてみよう．ある日，学校に出席している学生の総数を求めるとする．学校に出席している学生の総数は，各クラスの出席している学生数の総和で求められる．各クラスの出席している学生数は席の数（定員）と出席率との積で求められるから

$$\text{クラス A の出席している学生数} = \text{席の数（クラス A）} \times \text{出席率（クラス A）}$$

と書ける．

学校全体（クラス A〜D）では，

$$\begin{aligned}\text{出席している学生総数} &= \text{席の数（クラス A）} \times \text{出席率（クラス A）} + \cdots \\ &= \int_{\mathrm{A}}^{\mathrm{D}} \text{席の数（クラス } i\text{）} \times \text{出席率（クラス } i\text{）}\, di\end{aligned}$$

となる．

このように，状態密度関数が席の数に相当し，分布関数が出席率に相当することが理解できる．

5.2　状態密度関数

プラス α 電子の数と出席者数で述べたように，状態密度関数はクラスにたとえると，席の数に相当する．では，電子の席の数はどのように決まるのだろうか？ 私たちの世界では，ある席に誰かが座ると，その席にはほかの人は座れない．同じことが電子の世界でも生じる．ただし，電子の世界では，同じ「場所」を占められないのではなく，パウリの排他原理により，ある「状態」を一つの電子が占めると，ほかの電子はその状態を占めることができなくなる点が異なる．

一辺が L の立方体の結晶のような空間に電子が閉じこめられている場合を考えよう．電子の波動関数とエネルギーは，式 (3.25) と式 (3.19) を 3 次元に拡張して，

$$\phi(x, y, z) = \left(\frac{2}{L}\right)^{3/2} \sin\left(\frac{n_x \pi}{L} x\right) \sin\left(\frac{n_y \pi}{L} y\right) \sin\left(\frac{n_z \pi}{L} z\right) \tag{5.4}$$

および，

$$E = \frac{h^2}{8\pi^2 m}k^2$$
$$= \frac{h^2}{8\pi^2 m}\left(\frac{\pi}{L}\right)^2 (n_x^2 + n_y^2 + n_z^2) \quad (n_x,\ n_y,\ n_z, = 1, 2, 3 \cdots) \tag{5.5}$$

となる．ここで，(n_x, n_y, n_z) の一つの組に対して一つの状態が対応する．

式 (5.5) を

$$n_x^2 + n_y^2 + n_z^2 = \frac{8\pi^2 m}{h^2}\left(\frac{L}{\pi}\right)^2 E \tag{5.6}$$

と書き換えると，図 5.1 に示すように，$(k_x = (2\pi/L)n_x,\ k_y = (2\pi/L)n_y,\ k_z = (2\pi/L)n_z)$ を座標とする球の方程式となる．この座標系の単位体積が (k_x, k_y, k_z) の一つの状態の体積に対応するから，この球の体積が (k_x, k_y, k_z) の状態の数を表すことになる．一つの状態に正負のスピン，計 2 個の電子が入り，また，k_x, k_y, k_z はすべて正の数であることを考慮すると，この球内にある状態の数は

$$2 \times \frac{1}{8} \times \frac{4\pi}{3}\left\{\frac{8\pi^2 m}{h^2}\left(\frac{L}{\pi}\right)^2 E\right\}^{3/2} = \frac{L^3}{3\pi^2}\left(\frac{8\pi^2 m}{h^2}\right)^{3/2} E^{3/2} \tag{5.7}$$

となる．ここで 1/8 がかかっているのは，図 5.1 に描かれているように，k_x, k_y, k_z がすべて正の部分であるためである．また，L^3 は立方体の体積なので，単位体積あたりの状態の数 N を求めると次式のようになる．

$$N(E) = \frac{1}{3\pi^2}\left(\frac{8\pi^2 m}{h^2}\right)^{3/2} E^{3/2} \tag{5.8}$$

ここで，単位エネルギーあたりの状態の数を $Z(E)$ で表すと

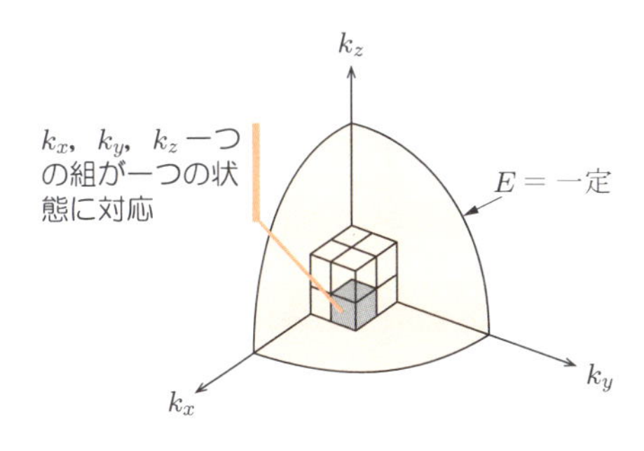

図 5.1 3 次元 k 空間での状態密度

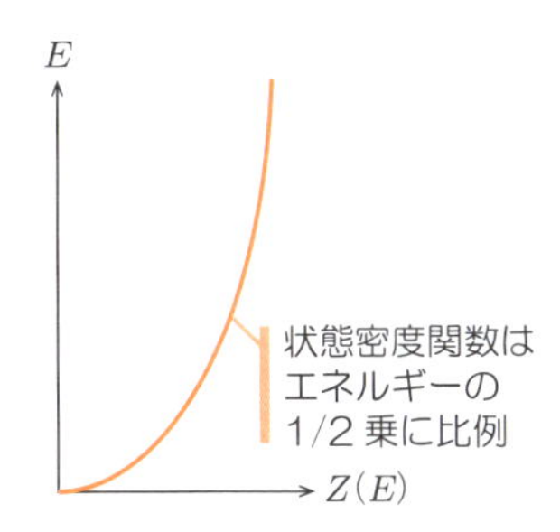

図 5.2 3 次元の自由電子の状態密度関数

$$Z(E) = \frac{dN(E)}{dE} = \frac{1}{2\pi^2}\left(\frac{8\pi^2 m}{h^2}\right)^{3/2} E^{1/2} \tag{5.9}$$

となる．この $Z(E)$ は，単位体積の物質での単位エネルギーあたりに電子が存在できる状態の数を表しており，**状態密度関数**とよばれる．式 (5.9) からわかるように，3 次元の自由電子の状態密度関数は $E^{1/2}$ に比例することがわかる．この様子を図 5.2 に示す．

5.3 フェルミ - ディラックの分布関数

前節では，電子の席の数である状態密度関数が得られた．つぎに，与えられた席を電子が占める割合を考えよう．それぞれのエネルギーに対応して，そのエネルギーを電子が占める割合を与えてくれるのが**分布関数**とよばれる関数である．粒子が従うべき分布関数は，粒子の種類によって異なる．古典的な粒子，たとえば気体分子は**マクスウェル - ボルツマンの分布関数**（Maxwell-Boltzmann distribution function）に従うが，ここで対象としている電子や正孔は，次式で表される**フェルミ - ディラックの分布関数**（Fermi–Dirac distribution function）に従う．

$$f_{\mathrm{n}}(E) = \frac{1}{\exp\left(\dfrac{E - E_F}{kT}\right) + 1} \tag{5.10}$$

ここで，k はボルツマン定数である．また，E_F は**フェルミ準位**（Fermi level）とよばれる値であり，電子がどのエネルギーまで詰まっているかを表すものである．添字の n は対象が電子であることを表している．電子は低いエネルギーから順に詰まってい

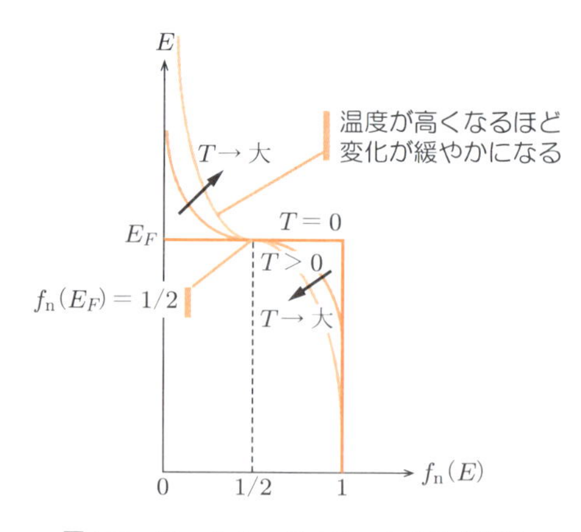

図 5.3　フェルミ - ディラックの分布関数

き，絶対零度においてはちょうど $E = E_F$ まで詰まり，それ以上のエネルギーをもつ電子は存在しない．有限温度では，エネルギーが高くなると $f_{\rm n}(E)$ の値は徐々に小さくなり，エネルギーが $E = E_F$ のところで，ちょうど 1/2 となる．さらにエネルギーが高くなると $f_{\rm n}(E)$ の値は徐々に 0 に近づく．温度が変化したときのフェルミ - ディラックの分布関数の様子を図 5.3 に示す．温度が高くなるほど $E = E_F$ 付近での変化がなだらかになっているのがわかる．

例題 5.1 フェルミ準位から 0.05 [eV] 上のエネルギーが電子に占められる確率を求めよ．ただし，温度は 300 [K] とする．

解 フェルミ - ディラックの分布関数は，式 (5.10) より

$$f_{\rm n}(E) = \frac{1}{\exp\{(E - E_F)/kT\} + 1}$$

である．この式に $E - E_F = 0.05$ [eV] を代入すると，

$$f_{\rm n}(E) = \frac{1}{\exp\left\{\dfrac{0.05 \times 1.6 \times 10^{-19}}{1.38 \times 10^{-23} \times 300}\right\} + 1} = 0.13$$

となり，13[%] が電子で占められていることになる．

5.4 電子密度

席の数である状態密度と出席率である分布関数が得られたので，出席者数である電子密度を求めることができる．伝導帯の電子密度 n は，考えているエネルギーの範囲において状態密度関数と分布関数の積を積分することにより求められる．

$$n = \int_{\text{伝導帯の下端}}^{\infty} Z_{\rm n}(E - E_C) f_{\rm n}(E) dE \tag{5.11}$$

ここで，添字の n は電子を表し，電子の状態密度関数を $Z_{\rm n}$ で表す．また，状態密度関数の変数を E ではなく $E - E_C$ としているのは，対象としているのが自由電子であり，そのエネルギーが最小となる伝導帯の下端 $E = E_C$ を基準としているためである．この式に式 (5.9) の状態密度関数と式 (5.10) の分布関数を代入すると，

$$n = \int_{E_C}^{\infty} \frac{1}{2\pi^2} \left(\frac{8\pi^2 m_{\rm n}^*}{h^2}\right)^{3/2} (E - E_C)^{1/2} \frac{1}{\exp\left(\dfrac{E - E_F}{kT}\right) + 1} dE \tag{5.12}$$

となる．ここで，m_n^* は伝導帯の電子の質量を表している（有効質量という．詳しくは6.1節を参照）．伝導帯中では $E - E_F \gg kT$ が成り立つので，フェルミ - ディラックの分布関数の分母の1は無視できる．そのため，式(5.12)を

$$n = \frac{1}{2\pi^2}\left(\frac{8\pi^2 m_n^*}{h^2}\right)^{3/2} \int_{E_C}^{\infty} (E - E_C)^{1/2} \exp\left(-\frac{E - E_F}{kT}\right) dE \quad (5.13)$$

と近似できる．ここで，

$$\frac{E - E_C}{kT} = x$$

と置き換えると，$dE = kTdx$ となるので，次式のようになる．

$$\begin{aligned} n &= 4\pi\left(\frac{2m_n^*}{h^2}\right)^{3/2} \int_0^{\infty} (kT)^{1/2} x^{1/2} \exp\left(\frac{E_F - E_C}{kT}\right) \exp\left(\frac{E_C - E}{kT}\right) kTdx \\ &= 4\pi\left(\frac{2m_n^*}{h^2}\right)^{3/2} \exp\left(\frac{E_F - E_C}{kT}\right) (kT)^{3/2} \int_0^{\infty} x^{1/2} \exp(-x) dx \quad (5.14) \end{aligned}$$

ここで，積分公式

$$\int_0^{\infty} x^{1/2} \exp(-x) dx = \frac{\sqrt{\pi}}{2} \quad (5.15)$$

を用いると，式(5.14)は

$$\begin{aligned} n &= 4\pi\left(\frac{2m_n^*}{h^2}\right)^{3/2} \exp\left(\frac{E_F - E_C}{kT}\right) (kT)^{3/2} \times \frac{\sqrt{\pi}}{2} \\ &= 2\left(\frac{2\pi m_n^* kT}{h^2}\right)^{3/2} \exp\left(\frac{E_F - E_C}{kT}\right) \\ &= N_C \exp\left(\frac{E_F - E_C}{kT}\right) \quad (5.16) \end{aligned}$$

となる．ここで，

$$N_C = 2\left(\frac{2\pi m_n^* kT}{h^2}\right)^{3/2} \quad (5.17)$$

は有効状態密度（effective density of states）とよばれる量であり，伝導帯の下端にすべての状態を仮想的に集めたとき（$E = E_C$ としたとき）の状態密度を表している（**プラス α 有効状態密度** 参照）．

例題 5.2 シリコンの電子の有効質量を $m_n^* = 0.4m$，$E_C - E_F = 15\,[\mathrm{meV}]$ として，温度 300 [K] における n 型半導体の電子密度を求めよ．ただし，m は電子の質量である．

解　式 (5.16), (5.17) より，

$$
\begin{aligned}
n &= N_C \exp\left(\frac{E_F - E_C}{kT}\right) = 2\left(\frac{2\pi m_n^* kT}{h^2}\right)^{3/2} \exp\left(\frac{E_F - E_C}{kT}\right) \\
&= 2 \times \left\{\frac{2 \times 3.14 \times 0.4 \times 9.11 \times 10^{-31} \times 1.38 \times 10^{-23} \times 300}{(6.6 \times 10^{-34})^2}\right\}^{3/2} \\
&\quad \times \exp\left(\frac{-15 \times 10^{-3} \times 1.6 \times 10^{-19}}{1.38 \times 10^{-23} \times 300}\right) \\
&= 3.59 \times 10^{24}[\mathrm{m}^{-3}]
\end{aligned}
$$

となる．

5.5　正孔密度

伝導帯の電子と同様に，価電子帯の電子の抜けた穴（正孔）も電気伝導に寄与する．この正孔密度も電子密度と同様に求めることができる．価電子帯の状態密度は，価電子帯での正孔の有効質量を m_p^* とすると，

$$
Z_p(E) = \frac{1}{2\pi^2}\left(\frac{8\pi^2 m_p^*}{h^2}\right)^{3/2} E^{1/2} \tag{5.18}
$$

となる．また，正孔の存在確率は，電子が存在しない確率として求められるので，

$$
f_p(E) = 1 - f_n(E) = 1 - \frac{1}{\exp\left(\dfrac{E - E_F}{kT}\right) + 1} \tag{5.19}
$$

となる．通分して計算した後に，電子の場合と同様に $E_F - E \gg kT$ として分母の 1 を無視すると，

$$
f_p(E) = 1 - f_n(E) = \exp\left(\frac{E - E_F}{kT}\right) \tag{5.20}
$$

となる．また，電子と電荷の符号が異なるので，正孔のエネルギーは，水の泡と同様に下に行くほどエネルギーが大きくなる．そこで，価電子帯の上端 $E = E_V$ を基準とすると，正孔密度 p は次式により求められる．

$$p = 4\pi \left(\frac{2m_{\mathrm{p}}^*}{h^2}\right)^{3/2} \int_{-\infty}^{E_V} (E_V - E)^{1/2} \exp\left(\frac{E - E_F}{kT}\right) dE \tag{5.21}$$

式 (5.21) に，電子の場合と同様につぎの置き換えを行って，積分を実行する．

$$\frac{E_V - E}{kT} = x, \qquad -dE = kTdx$$

これより，正孔密度は

$$\begin{aligned} p &= 4\pi \left(\frac{2m_{\mathrm{p}}^*}{h^2}\right)^{3/2} \int_0^{\infty} x^{1/2} (kT)^{1/2} \exp\left(-\frac{E_V - E}{kT}\right) \exp\left(\frac{E_V - E_F}{kT}\right) kTdx \\ &= 4\pi \left(\frac{2m_{\mathrm{p}}^* kT}{h^2}\right)^{3/2} \exp\left(\frac{E_V - E_F}{kT}\right) \int_0^{\infty} x^{1/2} \exp(-x)\, dx \\ &= 2\left(\frac{2\pi m_{\mathrm{p}}^* kT}{h^2}\right)^{3/2} \exp\left(\frac{E_V - E_F}{kT}\right) \\ &= N_V \exp\left(-\frac{E_F - E_V}{kT}\right) \end{aligned} \tag{5.22}$$

となる．ここで，N_V は電子の場合と同様に，すべての状態が仮想的に価電子帯の上端 E_V に集まっているとした場合の正孔の有効状態密度である．

プラス α 有効状態密度

あるエネルギーにおける半導体のキャリア密度は，そのエネルギーの状態密度関数とフェルミ - ディラックの分布関数の積で求められ，電子の場合には次式のようになる．

$$\begin{aligned} n(E) &= Z_{\mathrm{n}}(E) f_{\mathrm{n}}(E) = Z_{\mathrm{n}}(E) \frac{1}{\exp\left(\dfrac{E - E_F}{kT}\right) + 1} \\ &\cong Z_{\mathrm{n}}(E) \exp\left(-\frac{E - E_F}{kT}\right) \end{aligned}$$

この式と式 (5.16) の

$$n = N_C \exp\left(\frac{E_F - E_C}{kT}\right) = N_C \exp\left(-\frac{E_C - E_F}{kT}\right)$$

とを比較すると，状態密度 $Z_{\mathrm{n}}(E)$ は $Z_{\mathrm{n}}(E) = N_C$ となり，エネルギー E は $E = E_C$ となっていることがわかる．このことは，式 (5.16) でエネルギー E のところにすべての状態が状態密度 N_C として集まっていると考えることができる．そのため，N_C を有効状態密度とよんでいる．

5.6　熱平衡時の *pn* 積

式 (5.16) で表される電子密度と，式 (5.22) で求めた正孔密度とをかけ合わせてみると，

$$
\begin{aligned}
pn &= N_C \exp\left(\frac{E_F - E_C}{kT}\right) N_V \exp\left(-\frac{E_F - E_V}{kT}\right) \\
&= N_C N_V \exp\left(-\frac{E_C - E_V}{kT}\right) \\
&= N_C N_V \exp\left(-\frac{E_g}{kT}\right) = n_{\mathrm{i}}^2
\end{aligned}
\tag{5.23}
$$

となり，p と n との積は電子や正孔密度とは無関係に，エネルギーギャップと温度だけで決まる一定の値となることがわかる．ここで，n_{i} は真性半導体のキャリア密度である．この関係は真性半導体，不純物半導体を問わず常に成り立ち，これを ***pn* 積一定の法則**という．真性半導体の場合には，伝導帯に励起された電子の数だけ価電子帯に正孔が生じるので常に $p = n$ となる．この関係を式 (5.23) に代入すると，式中の n_{i} はその温度における真性半導体のキャリア密度に等しいことがわかる．

5.7　真性半導体のフェルミ準位

不純物を添加していない真性半導体では，常に電子密度と正孔密度が等しく $n = p$ となるので，式 (5.16) と式 (5.22) が等しいとして真性半導体のフェルミ準位 E_{i} を求めると，

$$
\begin{aligned}
N_C \exp\left(\frac{E_F - E_C}{kT}\right) &= N_V \exp\left(-\frac{E_F - E_V}{kT}\right) \\
E_F = E_{\mathrm{i}} &= \frac{E_C + E_V}{2} + \frac{kT}{2} \ln \frac{N_V}{N_C} \\
&= \frac{E_C + E_V}{2} + \frac{3}{4} kT \ln \frac{m_{\mathrm{p}}^*}{m_{\mathrm{n}}^*}
\end{aligned}
\tag{5.24}
$$

となる．ここで $m_{\mathrm{n}}^* = m_{\mathrm{p}}^*$ なら右辺第 2 項はゼロになるが，一般には m_{n}^* と m_{p}^* とは異なる．しかし，大きく異なることはなく，また対数を取るので右辺第 2 項は第 1 項に比べて無視できる．そのため，

$$
E_{\mathrm{i}} = \frac{E_C + E_V}{2} \tag{5.25}
$$

が成り立ち，真性半導体ではフェルミ準位が E_V と E_C とのちょうど中間，すなわち禁制帯の中央付近に位置することがわかる．

式 (5.16), (5.22) の E_F に E_i を代入して n_i を求め，n_i を使って両式を書きなおすと，

$$n = n_\mathrm{i} \exp\left(\frac{E_F - E_\mathrm{i}}{kT}\right) \tag{5.26a}$$

$$p = n_\mathrm{i} \exp\left(-\frac{E_F - E_\mathrm{i}}{kT}\right) \tag{5.26b}$$

となり，$E_F = E_\mathrm{i}$ のときに $n = p$ となって真性半導体に，また，$E_F > E_\mathrm{i}$ なら $n > p$ となって n 型半導体に，また，$E_F < E_\mathrm{i}$ なら $n < p$ となって p 型半導体になることがわかる．

5.8 ホール効果

図 5.4 に示すように，半導体片を磁界中において，磁界と垂直な方向に電流を流してみよう．半導体を p 型とすると，正の電荷をもつ正孔が電流と同じ向きに流れる．このときの電流密度 $\boldsymbol{i}$ は，正孔の速度を $\boldsymbol{v}$ とすると，

$$\boldsymbol{i} = q\boldsymbol{v}p \tag{5.27}$$

となる．ここで，q は正孔の電荷，p は正孔密度である．電磁気学によると，磁界中を電荷が移動すると，電荷は次式で表される**ローレンツ力**とよばれる力を受ける．

$$\boldsymbol{F} = q(\boldsymbol{v} \times \boldsymbol{B}) \tag{5.28}$$

電流の方向（$\boldsymbol{v}$ の方向）と磁界 $\boldsymbol{B}$ とが垂直になっているので，$\boldsymbol{v}$ と $\boldsymbol{B}$ との間の角は $\theta = \pi/2$ となり，式 (5.28) のローレンツ力は，

$$|\boldsymbol{F}| = |q(\boldsymbol{v} \times \boldsymbol{B})| = qvB\sin\theta = qvB \tag{5.29}$$

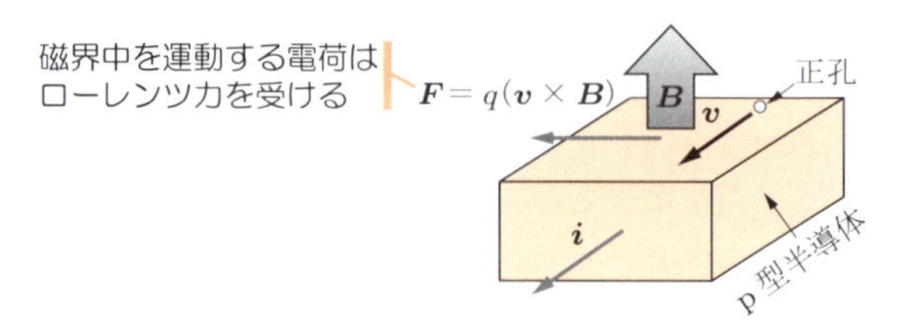

図 5.4　ホール効果

となる．このローレンツ力によって，正孔は図 5.5(a) に示すように，進行方向に垂直な方向に力を受けて偏って流れる．正孔が偏ることで，進行方向に垂直な電界 E が生じ，この電界は正孔の偏りをなくす方向に qE の力を発生させる．この現象を**ホール効果**（Hall effect, Edwin Herbert Hall: 1855–1938）という．定常状態では正孔を偏らせるローレンツ力と，それによって正孔をローレンツ力と反対方向に押しやろうとする電界による力とがつり合っているので，$qE = qvB$ が成り立つ．式 (5.29) と式 (5.27) により，

$$i = qp\frac{E}{B} \qquad E = R_H iB \tag{5.30}$$

となる．ただし $R_H = 1/qp$ であり，これをホール定数（Hall constant）という．

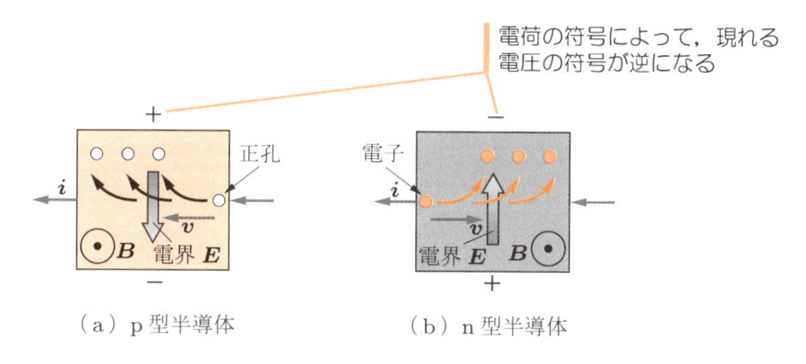

図 5.5　p 型半導体と n 型半導体のホール効果

式 (5.30) において，電界 E は半導体の両端にかかる電圧の測定，電流密度 i は電流の測定により求められるので，電流と電圧を測定することで磁界 B を求めることができる．ホールモータでは，モータの回転子の位置をホール素子で測定した磁界 B の変化を用いて求めている．また逆に，磁界 B がわかっていれば R_H の値を求めることができ，正孔密度 p を求めることができる．

電荷を運ぶキャリアが負である n 型半導体の場合では，式 (5.28) より，ローレンツ力の方向が p 型半導体中の正孔と同じ方向となる（図 5.5(b)）．この場合も，力のつり合いは式 (5.30) で表され，$E = R_H iB$ という関係が成り立つ．ただし，電子の電荷が負であるため R_H の値も負になり，半導体内部に発生する電界の方向，両端に現れる電圧とも，p 型半導体の場合とは逆になる．このことから，半導体のホール測定を行うと，半導体が p 型か n 型かという導電型や，正孔や電子の密度を求めることができる．半導体の温度を低温から高温へと変化させてホール測定を行うことで，温度による正孔や電子密度の変化を求めることができ，正孔や電子を価電子帯や伝導帯に

励起するために必要なエネルギーなどを求めることができる．そのため，ホール測定は半導体材料の研究に欠かせないものとなっている．

例題 5.3 p 型半導体のホール測定を行った．幅 10 [mm]，長さ 15 [mm]，厚さ 1 [mm] の長方形の半導体薄片の長さ方向に 10 [mA] の電流を流し，薄片に垂直に 0.15 [T] の磁束を印加した．このとき，薄片の幅方向の電圧を測ると 100 [mV] であった．ホール定数，正孔密度を求めよ．

解　半導体を流れる電流密度 i は

$$i = \frac{10 \times 10^{-3}}{10 \times 10^{-3} \times 1 \times 10^{-3}} = 1000\,[\mathrm{A/m^2}]$$

で，電流に垂直な方向の電界 E は

$$E = \frac{100 \times 10^{-3}}{10 \times 10^{-3}} = 10\,[\mathrm{V/m}]$$

であるので，正孔密度 p は式 (5.30) より，

$$p = \frac{iB}{qE} = \frac{1000 \times 0.15}{1.6 \times 10^{-19} \times 10} = 9.4 \times 10^{19}\,[\mathrm{m^{-3}}]$$

となる．また，ホール定数はつぎのようになる．

$$R_H = \frac{1}{qp} = \frac{1}{1.6 \times 10^{-19} \times 9.4 \times 10^{19}} = 0.067$$

演習問題

[1] フェルミ準位の値と温度を適当に決めて，フェルミ - ディラックの分布関数を描け．

[2] 電子の有効質量を電子の静止質量の 0.4 倍として，室温での伝導帯の有効状態密度の値を求めよ．

[3] 室温での n 型半導体の電子密度が $5 \times 10^{21}\,[\mathrm{m^{-3}}]$ であった．正孔密度を求めよ．ただし，真性キャリア密度は $1 \times 10^{16}\,[\mathrm{m^{-3}}]$ とする．

[4] 式 (5.24) において，室温では第 2 項が無視できることを確かめよ．

[5] n 型半導体のホール測定を行った．幅 5 [mm]，長さ 5 [mm]，厚さ 20 [μm] の正方形の半導体薄片の長さ方向に 10 [mA] の電流を流し，薄片に垂直に 3 [T] の磁界を印加した．このとき，薄片の幅方向の電圧を測ると 500 [mV] であった．ホール定数，正孔密度を求めよ．

第6章 有効質量と移動度

真空中を移動する場合とは異なり，結晶中を移動する電子や正孔は，結晶中に整然と並んでいる原子核がつくる周期的な静電ポテンシャル中を移動することになる．周期的なポテンシャル中を波としての性質をもつ電子や正孔が移動する場合，真空中では生じなかった種々の現象が生じる．本章では，結晶中を移動する電子の質量が真空中とは異なることや，電気伝導に関係する結晶特有の現象について学ぼう．

6.1 有効質量

結晶中の電子は，原子核による周期的なポテンシャルの変化のなかを運動することになる．電子波の波長は電子のエネルギーによって異なるため，電子が加速されて運動エネルギーが増加し，波長が結晶のポテンシャルの周期と同程度にまで短くなると，電子波と結晶の周期的なポテンシャルとの相互作用が生じ，電子は結晶から複雑な力を受ける．そのため，電界などの外力が加わったときに生じる加速度が異なり，まるで電子の質量が変化したような振舞いをする．これを簡便に取り扱うために考えられた概念が，**有効質量**（effective mass）である．

電子波の角振動数を ω とすると，波の群速度 v は波数 k を用いて，

$$v = \frac{d\omega}{dk} \tag{6.1}$$

と定義される．ここで，波がもつエネルギーは，プランク定数 h を用いて，

$$E = h\nu = h\frac{\omega}{2\pi} \tag{6.2}$$

となるので，式 (6.1) は

$$v = \frac{2\pi}{h}\frac{dE}{dk} \tag{6.3}$$

と書ける．式 (6.3) は，波の速度 v が E–k 曲線の傾き dE/dk に依存することを示している．

電子が電界などの外力により時間 dt だけ加速されたとすると，その間のエネルギーの増分 dE は，次式のように電子に加わった力 $-qE$ と力が加わった距離 vdt との積で表される．

$$dE = -qEvdt = -qE\frac{2\pi}{h}\left(\frac{dE}{dk}\right)dt \tag{6.4}$$

ここで，$dE = (dE/dk)dk$ であるので，dk/dt は

$$\frac{dk}{dt} = -\frac{2\pi}{h}qE \tag{6.5}$$

となる．一方，式 (6.3) を時間 t で微分し，速度の時間変化である加速度を求めると，

$$a = \frac{dv}{dt} = \frac{2\pi}{h}\left(\frac{d^2E}{dk^2}\right)\frac{dk}{dt} = -\left(\frac{2\pi}{h}\right)^2\left(\frac{d^2E}{dk^2}\right)qE \tag{6.6}$$

となる．

自由空間ではニュートンの運動方程式 $a = F/m$ より，

$$a = \frac{dv}{dt} = -\frac{1}{m}qE \tag{6.7}$$

となるので，式 (6.6) と式 (6.7) とを比較すると，

$$m_{\mathrm{n}}^* = \frac{1}{\left(\frac{2\pi}{h}\right)^2\left(\frac{d^2E}{dk^2}\right)} \tag{6.8}$$

が，結晶中での電子の質量に相当することがわかる．この m_{n}^* を有効質量もしくは実効質量といい，固体中の電子や正孔の質量として取り扱うことができる．

式 (6.3), (6.8) より，速度 v，有効質量 m_{n}^* と E–k 曲線の傾き dE/dk との関係が明らかになった．横軸を k としてこれらを図示すると，図 6.1 のようになる．左側の三つのグラフが自由空間の電子を，右側の三つのグラフが固体中の電子の場合を表している．自由空間では E–k 曲線は放物線になるが，固体中では途中で変曲点をもつ三角関数のような形となる．式 (6.3) より，速度 v は E–k 曲線の 1 階微分，すなわち傾きに比例する．放物線の 1 階微分は 1 次関数になるので，自由空間では速度 v と k との関係は直線となる．それに対して固体中では，E–k 曲線が変曲点をもっており，k が大きくなって E–k 曲線の変曲点を越えると，傾きが徐々に緩やかになって極大値をとった後，E–k 曲線が水平になった点で再び速度は $v = 0$ となる．

また，式 (6.8) より，質量は E–k 曲線の 2 階微分の逆数，つまり，速度の微分の逆

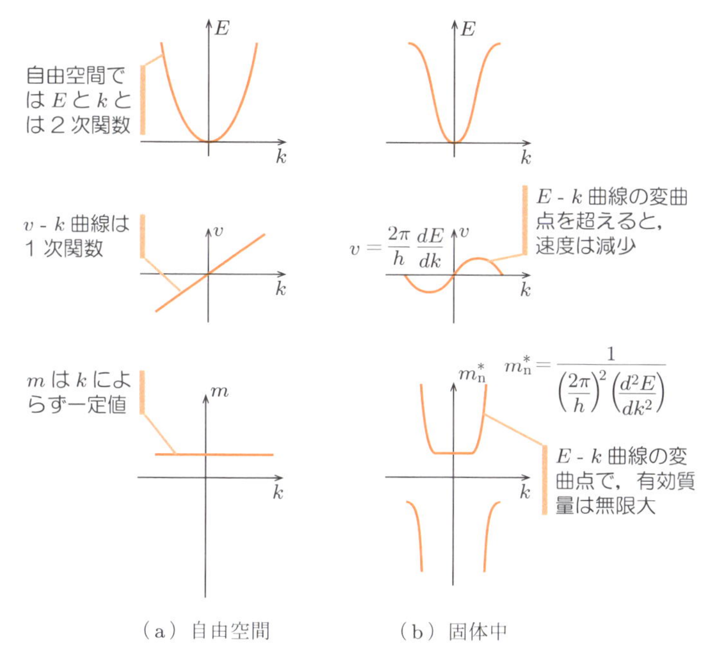

図 6.1　E–k 曲線と電子の速度，有効質量との関係

数となる．自由空間では一定値となるが，固体中では速度曲線が水平になる点で有効質量は無限大となることがわかる．有効質量が無限大になることは，電界などで電子を加速し続けても，有効質量が徐々に増加し，電子を加速できなくなることを示している．そして，電子の有効質量が無限大となるところでは，電子の波長が結晶のポテンシャル周期のちょうど整数倍になって，電子の波が反射されて前に進めないことを意味している．

コーヒーブレイク◯ 超格子と負性抵抗

キャリアを E-k 曲線の変曲点を越えて加速すると，運動量が増加しているのに速度が減少し，電界が増加しているにもかかわらず電流が減少するという負性抵抗が現れる．自然界に存在する結晶格子では，この点は π/a のところにあり（a：結晶の周期），きわめて大きな値となる．しかし，人工的に大きな周期構造をつくると，π/a の値が小さくなって，その近傍までキャリアを加速することが可能となる．このような周期構造を**人工格子**（artificial lattice）もしくは**超格子**（superlattice）とよんでいる．最初にこの構造で負性抵抗を観測したのは，1973 年にノーベル物理学賞を受賞した江崎玲於奈である．

6.2 キャリアの移動度

結晶中の電子は常に周囲の熱エネルギーによって運動している．熱エネルギーはおおよそ$(3/2)kT$程度であるため，この熱エネルギーを電子がすべて運動エネルギーの形で保持しているとすると，電子の速度をv_{th}として，

$$\frac{1}{2}mv_{th}^2 = \frac{3}{2}kT \tag{6.9}$$

という関係が成り立つ．室温を300 [K] としてv_{th}の値を計算すると$v_{th} = 1.2 \times 10^5$ [m/s] となり，電子は1秒間に120 km というものすごいスピードで結晶中をランダムに動いていることがわかる．

この結晶に外部から電界Eを印加すると，結晶中の電子はランダムに動きながら，それに加えて電界によるクーロン力が付加されて，結晶中を移動することになる．電界により移動する現象を**ドリフト**（drift）という．

電界から電子が受ける力Fは，

$$F = -qE \tag{6.10}$$

となる．電子は電界と反対方向に加速され，原子核と衝突を繰り返しながら結晶中を進む．原子核と衝突した瞬間は電子の速度はゼロとなり，再びつぎの衝突までの間に電界から力を受け，次式で示す加速度で加速される．

$$a = -\frac{qE}{m_{\mathrm{n}}^*} \tag{6.11}$$

ここで，衝突と衝突との間の時間をτとすると，その間の電子の平均速度$\overline{v}_{\mathrm{n}}$は$(1/2)a\tau$となるので，電子が移動する距離は，これに$\tau$をかけた$(1/2)a\tau^2$となる．この距離は衝突のたびに異なるが，$\tau$の平均値を$\overline{\tau}$とすると，ドリフトによる電子の平均速度$\overline{v}$は，平均速度を衝突間の平均時間で割って

$$\overline{v}_{\mathrm{n}} = -\frac{1}{2}\frac{qE}{m_{\mathrm{n}}^*}\tau^2 \times \frac{1}{\overline{\tau}} \tag{6.12}$$

となる．$(1/2) \times (\tau^2/\overline{\tau})$を**平均衝突時間**（mean collision time）τ_dとおくと，

$$\overline{v}_{\mathrm{n}} = -\frac{q\tau_d}{m_{\mathrm{n}}^*}E = -\mu_{\mathrm{n}}E \tag{6.13}$$

となり，電子のドリフト速度は電界に比例することがわかる．ここで，

$$\mu_n = \frac{q\tau_d}{m_n^*} \tag{6.14}$$

は電界による電子の動きやすさを表しており，**移動度**（mobility）とよばれる．

電子と同様に，正孔に対しては，

$$\overline{v}_p = \mu_p E \tag{6.15}$$

$$\mu_p = \frac{q\tau'_d}{m_p^*} \tag{6.16}$$

となる．ここで，τ'_d は正孔の平均衝突時間である．移動度が一定ならば速度は電界に比例するので，印加する電界を大きくすると，電子をいくらでも加速できることになるが，実際には電界が大きくなると電界と速度は比例しなくなり，図 6.2 のように，電界を大きくしても速度は飽和するようになる．

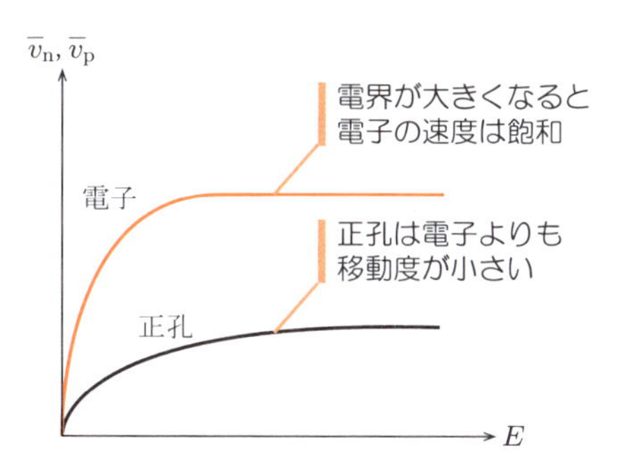

図 6.2　電子と正孔のドリフト速度

電子の抜けた穴である正孔が半導体中を移動するには，1 個の正孔の移動に対してもまわりの多数の電子が移動する必要があるので，電子の場合よりも動きにくく，その移動度も電子に比べて小さくなることが直感的に予想できる．

例題 6.1　1000[°C] の結晶中での電子の熱運動速度を求めよ．

解　式 (6.9) より，

$$v_{th} = \sqrt{\frac{3kT}{m}} = \sqrt{\frac{3 \times 1.38 \times 10^{-23} \times (1000 + 273)}{9.11 \times 10^{-31}}} = 2.4 \times 10^5 \text{ [m/s]}$$

となり，室温での値 $v_{th} = 1.2 \times 10^5$ [m/s] の約 2 倍の速度で運動していることがわかる．

例題 6.2　300 [K] でのシリコンの電子移動度が 1500 [cm^2/(V·s)] であった．電子の有効質量を静止質量の 0.2 倍として，平均衝突時間を求めよ．

解　式 (6.14) より，

$$\mu_{\mathrm{n}} = \frac{q\tau_d}{m_{\mathrm{n}}^*}$$

$$\tau_d = \frac{\mu_{\mathrm{n}} m_{\mathrm{n}}^*}{q} = \frac{1500 \times 10^{-4} \times 0.2 \times 9.11 \times 10^{-31}}{1.6 \times 10^{-19}} = 1.7 \times 10^{-13}\,[\mathrm{s}]$$

となる．

プラス α　導電型と動作速度

半導体デバイスにはキャリアとして電子を使うものと正孔を使うものとがある．電子は正孔よりも速く動けるので，電子を使ったデバイスのほうが動作速度は速くなる．そのため，正孔をキャリアとして使う pnp トランジスタや p チャンネル MOSFET（第9章，第12章参照）を単独で使うことはほとんどなく，回路上の要請から，電子をキャリアにする npn トランジスタや n チャンネル MOSFET と組み合わせて使うことが多い．

演習問題

[1]　キャリアの移動を妨げる要因について説明せよ．

[2]　5 [mm] 幅の n 型半導体に 6 [V] の電圧を印加した．半導体の電子の移動度を 0.15 [m^2/(V·s)] として，電子の速度を計算せよ．

[3]　電子の移動度が 1.5 [m^2/(V·s)] である．電子の有効質量が静止質量の 0.2 倍として，電子の平均衝突時間を求めよ．

[4]　正孔の移動度が 0.3 [m^2/(V·s)] である．正孔の有効質量が静止質量の 0.5 倍として，正孔の平均衝突時間を求めよ．

第7章 電流と連続の式

定常状態では自由電子や正孔は半導体内に一様に分布している．半導体の片方の端に光を照射したり熱して高温にしたりすると，その部分で価電子帯の電子が伝導帯に励起され，自由電子と正孔を生じてキャリア密度が高くなる．半導体内でキャリア密度が不均一になると，キャリアが移動して電流が流れる．これに電界によるキャリアの移動と，それにともなう電流が加わることになる．本章では，半導体内のキャリアの振舞いと，それによって流れる電流について学ぼう．

7.1 拡散電流

物体の密度が場所によって不均一になると，密度の高い部分から低い部分へと，物体が移動する．これが**拡散**（diffusion）とよばれる現象であり，電荷をもつ電子が拡散によって移動すると，電流が流れることになる．半導体ではさまざまな要因でキャリアの不均一が発生し，それによって拡散が生じて電流が流れる．

いま電子密度を $n(x)$，電子の拡散のしやすさを表す**拡散係数**（diffusion coefficient）を $D_{\rm n}$ とすると，電子の拡散の流れ密度 $F_{\rm n}$ は**フィックの第一法則**（Fick's first low, Adolf Eugen Fick: 1829–1901）によってつぎのように表される．

$$F_{\rm n} = -D_{\rm n}\frac{dn}{dx} \tag{7.1}$$

ここで，負符号は密度の高い場所から低い場所へと，密度勾配の負の方向に電子が拡散することを示している．正孔の流れも同様に，

$$F_{\rm p} = -D_{\rm p}\frac{dp}{dx} \tag{7.2}$$

と書ける．

電子も正孔も電荷をもっているため，拡散によって移動すると電流が流れる．この拡散によって流れる電流を**拡散電流**（diffusion current）とよぶ．電子の拡散に伴う電流の大きさは，電子の流れに電子の電荷をかければ求められるので，

$$J_{\rm n} = -D_{\rm n}\frac{dn}{dx} \times (-q) = qD_{\rm n}\frac{dn}{dx} \tag{7.3}$$

となる．同様に，正孔の拡散による電流の大きさは，

$$J_{\rm p} = -D_{\rm p}\frac{dp}{dx} \times q = -qD_{\rm p}\frac{dp}{dx} \tag{7.4}$$

となる．ここで，正孔の電荷は正であるため，電子の拡散電流とは符号が異なることに注意する必要がある．

7.2 ドリフト電流

半導体の電気伝導には，拡散電流に加えて，金属と同じように，電界による電流も存在する．電界によって流れる電流を**ドリフト電流**（drift current）とよぶ．半導体中では金属とは異なり，拡散電流とドリフト電流の2種類の電流が存在する．

図7.1に示すように，断面積 A，長さ L，電子密度 n の n 型半導体棒を考えよう．この半導体棒に外部から電圧を印加すると，電界と逆方向に電子が速度 $v_{\rm n}$ で流れるとする．1秒間に任意の断面を横切る電子の数は $Anv_{\rm n}$ 個なので，電子による電流は，

$$I_{\rm n} = -qAnv_{\rm n} = qAn\mu_{\rm n}E = qn\mu_{\rm n}\frac{A}{L}V = \frac{V}{R} \tag{7.5}$$

となり，よく知られている**オームの法則**（Ohm's low）と一致する．ここで，R は

$$R = \frac{L}{qn\mu_{\rm n}A} = \rho\frac{L}{A} \tag{7.6}$$

となる．ただし，ρ は**抵抗率**（resistivity）である．また，抵抗率の逆数である**導電率**（conductivity）は

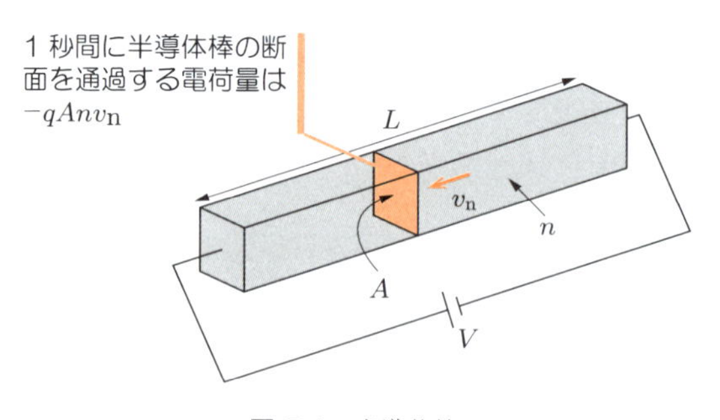

図7.1　半導体棒

$$\sigma = \frac{1}{\rho} = qn\mu_{\mathrm{n}} \tag{7.7}$$

となる．同様に，正孔に対しては，つぎのようになる．

$$I_{\mathrm{p}} = qAp\mu_{\mathrm{p}}E \tag{7.8}$$

$$R = \frac{L}{qp\mu_{\mathrm{p}}A} \tag{7.9}$$

$$\sigma = \frac{1}{\rho} = qp\mu_{\mathrm{p}} \tag{7.10}$$

半導体中に電子と正孔が両方存在している場合，全体の電流はそれぞれの電流の和で表されるので，

$$I = I_{\mathrm{n}} + I_{\mathrm{p}} = qAn\mu_{\mathrm{n}}E + qAp\mu_{\mathrm{p}}E = qA\left(n\mu_{\mathrm{n}} + p\mu_{\mathrm{p}}\right)\frac{V}{L} \tag{7.11}$$

となる．このときの導電率は，

$$\sigma = qn\mu_{\mathrm{n}} + qp\mu_{\mathrm{p}} \tag{7.12}$$

となる．

7.3 半導体中の電流

半導体中には，ドリフト電流に拡散電流が加わることになる．電子のドリフト電流と拡散電流の和は，面積 A で割った電流密度で表すと，式 (7.3), (7.5) より，

$$J_{\mathrm{n}} = qn\mu_{\mathrm{n}}E + qD_{\mathrm{n}}\frac{dn}{dx} \tag{7.13}$$

となる．同様に，正孔では式 (7.4), (7.8) より，

$$J_{\mathrm{p}} = qp\mu_{\mathrm{p}}E - qD_{\mathrm{p}}\frac{dp}{dx} \tag{7.14}$$

となる．全電流はこれらの和で表されるので，次式のようになる．

$$J = J_{\mathrm{n}} + J_{\mathrm{p}} = qn\mu_{\mathrm{n}}E + qD_{\mathrm{n}}\frac{dn}{dx} + qp\mu_{\mathrm{p}}E - qD_{\mathrm{p}}\frac{dp}{dx} \tag{7.15}$$

つぎに，拡散電流とドリフト電流から，拡散係数と移動度との関係を求めよう．n 型半導体中の電子の平衡密度は，式 (5.16) より，

$$n = N_C \exp\left(\frac{E_F - E_C}{kT}\right) \tag{7.16}$$

である．ここで，電界を印加すると伝導帯の底が水平でなくなり，場所 x の関数となる．電子の平衡密度の場所による変化は，

$$\begin{aligned}\frac{dn}{dx} &= \frac{1}{kT}\left\{N_C \exp\left(\frac{E_F - E_C}{kT}\right)\right\}\left(-\frac{dE_C}{dx}\right)\\ &= -\frac{n}{kT}\frac{dE_C}{dx} = \frac{qn}{kT}\frac{dV}{dx} = -\frac{qn}{kT}E \end{aligned}\tag{7.17}$$

となる．これを式 (7.13) に代入すると，熱平衡時には半導体棒には電流が流れないので，拡散電流とドリフト電流の和はゼロとなって，

$$J_{\mathrm{n}} = qn\mu_{\mathrm{n}}E - qD_{\mathrm{n}}\frac{qn}{kT}E = 0 \tag{7.18}$$

$$D_{\mathrm{n}} = \frac{kT}{q}\mu_{\mathrm{n}} \tag{7.19}$$

という関係が成り立つ．同様に，正孔に対しても，

$$D_{\mathrm{p}} = \frac{kT}{q}\mu_{\mathrm{p}} \tag{7.20}$$

が成り立つ．これらは拡散係数と移動度との関係を表すものであり，**アインシュタインの関係**（Einstein's relation）とよばれる．

例題 7.1 室温（300 [K]）でシリコンの真性半導体に光を照射して，電子を 5×10^{16} [cm^{-3}] 発生させている．電子と正孔の移動度をそれぞれ 1500 [cm^2/(V·s)] および 450 [cm^2/(V·s)] として，シリコンの導電率を求めよ．

解　真性半導体なので，伝導帯に励起された電子と同数の正孔が発生し，$n = p = 5 \times 10^{16}$ [cm^{-3}] となる．したがって，式 (7.12) より，つぎのようになる．

$$\begin{aligned}\sigma &= qn\mu_{\mathrm{n}} + qp\mu_{\mathrm{p}} = qn(\mu_{\mathrm{n}} + \mu_{\mathrm{p}})\\ &= 1.6 \times 10^{-19} \times 5 \times 10^{16} \times 10^6 \times (1500+450) \times 10^{-4} = 1.6 \times 10^3 \text{ [S/m]}\end{aligned}$$

ここで，S は抵抗を表す単位（Ω）の逆数の単位であり，**ジーメンス**（siemens, Werner von Siemens: 1816–1892）と読む．また，半導体製造の現場では，キャリア密度の単位として [m^{-3}] よりも [cm^{-3}] が多く用いられている．そのため，[cm] での計算や，[cm] と [m] との間の換算にも慣れておくと便利である．

例題 7.2 シリコンの電子と正孔の移動度がそれぞれ1500 [cm^2/(V·s)]および 400 [cm^2/(V·s)]とする．室温（300 [K]）における電子と正孔の拡散係数を求めよ．

解 式 (7.19), (7.20) のアインシュタインの関係 $D_\mathrm{n} = (kT/q)\mu_\mathrm{n}$ および $D_\mathrm{p} = (kT/q)\mu_\mathrm{p}$ より，電子の拡散係数は

$$D_\mathrm{n} = \frac{kT}{q}\mu_\mathrm{n} = \frac{1.38 \times 10^{-23} \times 300}{1.6 \times 10^{-19}} \times 1500 \times 10^{-4} = 3.9 \times 10^{-3}\ [\mathrm{m}^2/(\mathrm{V\cdot s})]$$

となる．同様に，正孔の拡散係数は

$$D_\mathrm{p} = \frac{kT}{q}\mu_\mathrm{p} = \frac{1.38 \times 10^{-23} \times 300}{1.6 \times 10^{-19}} \times 400 \times 10^{-4} = 1.0 \times 10^{-3}\ [\mathrm{m}^2/(\mathrm{V\cdot s})]$$

となる．

7.4 キャリアの発生と再結合

半導体に，エネルギーギャップ以上のエネルギーをもつ光を照射すると，価電子帯の電子の一部が伝導帯に励起され，伝導帯には電子が，価電子帯には正孔が発生する．このように，熱平衡の状態からキャリア密度を増加させることを，**キャリアの注入**（carrier injection）という．

p 型半導体に光を照射し，電子と正孔を発生させたとする．光の照射によって同じ数の電子と正孔が新たに発生するが，p 型半導体の少数キャリアである電子はもともと数が少ないため，その変化率は大きい．一方，電子よりもはるかに多く存在する正孔の変化率はきわめて小さい．逆に，n 型半導体の場合は正孔の変化率が大きく，電子の変化率は小さい．このように，少数キャリアのみが大きく変化する注入を**低水準の注入**（low level injection）という．これに対し，光の照射量が多くなって，少数キャリアだけでなく多数キャリアも大きく変化するような多量の注入を**高水準の注入**（high level injection）という．

光照射などによって熱平衡時のキャリア密度からキャリアが増加すると，増加したキャリアはそのまま安定には存在できず，キャリアの発生と逆のプロセスによって徐々に減少し，やがて熱平衡時の値にもどることになる．たとえば，伝導帯に励起された自由電子は，価電子帯の正孔と結合して再び価電子となる．このときに伝導帯の自由電子のエネルギーと価電子帯の価電子のエネルギーの差に等しいエネルギーを光などの形で放出し，エネルギー保存則を満たす．伝導帯に励起された自由電子が価電子帯の正孔と結合するプロセスを，**再結合**（recombination）とよぶ．図 7.2 に，伝導帯の自由電子が価電子帯の正孔と再結合し，光を放出する様子を示す．

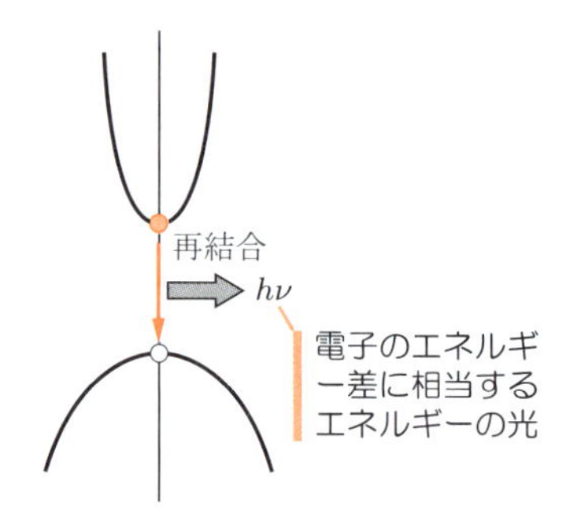

図 7.2　再結合による光の放出

n 型半導体に光が照射された場合を考えよう．n 型半導体の少数キャリアの正孔に着目すると，価電子帯の電子が励起されて価電子帯に正孔が発生する速度を G_L，励起された電子が価電子帯の正孔と再結合して消滅する速度を R とすると，励起されたキャリアの時間的な変化は，

$$\frac{dp}{dt} = G_L - R \tag{7.21}$$

と表すことができる．ここで，再結合する速度は，伝導帯の電子密度 n および価電子帯の正孔密度 p に比例する．n 型半導体の多数キャリアである電子は，注入による変化の割合は小さく，n の値はほぼ一定と考えられる．そこで，再結合の比例係数を α とすると，**再結合速度**（recombination velocity）R はつぎのようになる．

$$R = \alpha np = \frac{p}{\tau_\mathrm{p}} \tag{7.22}$$

ここで，

$$\tau_\mathrm{p} = \frac{1}{\alpha n} \tag{7.23}$$

は**少数キャリアの寿命**（minority carrier lifetime）とよばれ，τ_p が大きいほど再結合速度 R は小さくなり，少数キャリアが励起されたまま長くとどまることになる．シリコンでの少数キャリアの寿命は，一般に 10^{-3}〜10^{-9} [s] 程度の値となる．

熱平衡時では少数キャリアの数は変化せず，$dp/dt = 0$ が成り立つ．そのため，正孔が発生する速度 G_0 と再結合で消滅する速度 R_0 は等しくなるので，

$$G_0 = R_0 = \frac{p_0}{\tau_\mathrm{p}} \qquad R_0 = \alpha n_0 p_0 \tag{7.24}$$

となる．ここで，添字の 0 は熱平衡時の値を表している．

式 (7.22) の再結合速度 R から熱平衡時のキャリアの**発生速度**（generation rate）G_0 を引いた正味の再結合速度 U を考えよう．低水準での注入では多数キャリアである電子はほとんど変化せず，$n \cong n_0$ が成り立つので，式 (7.22), (7.24) より，

$$
\begin{aligned}
U &= R - G_0 = \alpha\,(np - n_0 p_0) \\
&\cong \alpha n_0\,(p - p_0) = \frac{1}{\tau_\mathrm{p}}\,(p - p_0)
\end{aligned}
\tag{7.25}
$$

となる．光照射でキャリアが生成されている場合は，熱平衡時のキャリアの発生速度 G_0 に光によるキャリアの発生速度 G_L が加わるので，

$$
\frac{dp}{dt} = G - R = G_L + G_0 - R = G_L + \frac{p_0}{\tau_\mathrm{p}} - \frac{p}{\tau_\mathrm{p}} = G_L + \frac{p_0 - p}{\tau_\mathrm{p}} \tag{7.26}
$$

と書ける．定常状態では $dp/dt = 0$ が成り立つので，式 (7.26) は，

$$
G_L - \frac{p - p_0}{\tau_\mathrm{p}} = 0 \tag{7.27}
$$

となる．熱平衡状態からの増分である過剰少数キャリアは，式 (7.27) より，

$$
\Delta p = p - p_0 = G_L \tau_\mathrm{p} \tag{7.28}
$$

となる．

つぎに，$t < 0$ まで一定の光が照射されて $G_L =$ 一定 であったものが，$t = 0$ で光の照射をやめて $G_L = 0$ になったとする．$t > 0$ では $G_L = 0$ なので，式 (7.26) は，

$$
\frac{dp}{dt} = -\frac{p(t) - p_0}{\tau_\mathrm{p}} \tag{7.29}
$$

となる．式 (7.27) より，$t = 0$ では

$$
\Delta p = p - p_0 = G_L \tau_\mathrm{p} \tag{7.30}
$$

となる．この境界条件のもとで式 (7.29) を解くと，過剰少数キャリア密度 $\Delta p(t) = p(t) - p_0$ は，

$$
\Delta p(t) = p(t) - p_0 = G_L \tau_\mathrm{p} \exp\left(-\frac{t}{\tau_\mathrm{p}}\right) \tag{7.31}
$$

となり，$\Delta p(t)$ の時間変化は，図 7.3 のようになる．過剰少数キャリアは**時定数**（time constant）τ_p で，指数関数で減少することがわかる．

ここまでは n 型半導体中の正孔について説明してきたが，p 型半導体中の電子についても，各式の添字を p から n に変えるだけで同様に表すことができる．

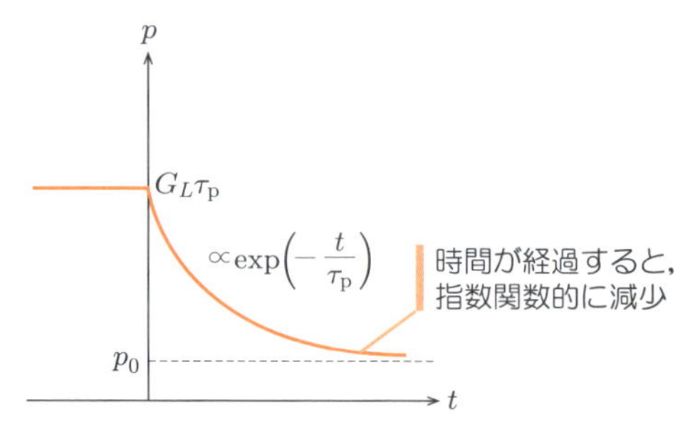

図 7.3　光照射後の過剰少数キャリア密度の減衰

プラス α ● 少数キャリアと転入生

ドナー不純物が 10^{17} [cm^{-3}] 添加されている n 型半導体を考えよう．熱平衡時にはドナー不純物がほぼすべてイオン化していると考えられるので，電子密度は 10^{17} [cm^{-3}] となる．室温では $pn = n_i^2 = 10^{20}$ [cm^{-3}] より，正孔密度は $p = 10^3$ [cm^{-3}] 程度となる．

この半導体に光照射によって 10^{12} [cm^{-3}] の電子と正孔を発生させると，電子密度は

$$n = 10^{17}[\text{cm}^{-3}] + 10^{12}[\text{cm}^{-3}] \cong 10^{17}[\text{cm}^{-3}]$$

とほとんど変化しないが，正孔密度は

$$p = 10^{3}[\text{cm}^{-3}] + 10^{12}[\text{cm}^{-3}] \cong 10^{12}[\text{cm}^{-3}]$$

と約 10^9 倍にもなり，多数キャリアである電子の変化に比べて，はるかに大きくなる．

これは，男女比が 1 : 1 よりも大きくずれたクラスに転入生が入ってきた場合を想像するとわかりやすい．男子 39 名，女子 1 名のクラスに，男子 1 名が転入した場合と，女子 1 名が転入した場合との変化の度合いを考えれば，状況の違いが容易にわかるだろう．

例題 7.3　p 型半導体に光を照射して 3×10^{17} [cm^{-3}] の電子 - 正孔対を発生させた．光を消してから 80 [μs] 経過したときの電子密度を求めよ．ただし，熱平衡時の電子密度を 5×10^{15} [cm^{-3}]，電子の寿命を 40 [μs] とする．

解　$\Delta n(0) = n(0) - n_0 = 3 \times 10^{17} - 5 \times 10^{15} = 2.95 \times 10^{17} = G_L\tau_n$ となるので，式 (7.31) より，つぎのように求められる．

$$\begin{aligned}\Delta n(t) &= G_L\tau_n \exp\left(-\frac{t}{\tau_n}\right) = 2.95 \times 10^{17} \times \exp\left(-\frac{80 \times 10^{-6}}{40 \times 10^{-6}}\right) \\ &= 3.99 \times 10^{16}\ [\text{cm}^{-3}]\end{aligned}$$

7.5　少数キャリアの連続の式

光が半導体の一端にのみ照射されている場合には，光が当たっている場所で電子と正孔が生成されるが，光の当たっていない場所ではキャリアは熱平衡のままであるため，キャリア密度が空間的に一様ではなくなる．7.4 節と同様に n 型半導体を考えると，少数キャリアである正孔密度 p の時間変化は，式 (7.21) に場所によるキャリア密度の不均一に起因する流れの項が加わり，

$$\frac{\partial p}{\partial t} = G_L - R - \frac{\partial F_{\mathrm{p}}}{\partial x} \tag{7.32}$$

と書ける．ここで，F_{p} は正孔の流れ密度である．流れ密度には拡散によるものとドリフトによるものとがあるので，式 (7.14) と同様に，

$$F_{\mathrm{p}} = p\mu_{\mathrm{p}}E - D_{\mathrm{p}}\frac{\partial p}{\partial x} \tag{7.33}$$

と書ける．これを式 (7.32) に代入すると，

$$\frac{\partial p}{\partial t} = D_{\mathrm{p}}\frac{\partial^2 p}{\partial x^2} - \mu_{\mathrm{p}}\frac{\partial p}{\partial x}E - \mu_{\mathrm{p}}p\frac{\partial E}{\partial x} + G_L - R \tag{7.34}$$

という式が得られる．式 (7.34) は，キャリア密度の場所による変化や時間による変化などを記述する式であり，この式を解くことで半導体内の少数キャリアの状態を求めることができる．そのため，式 (7.34) を**少数キャリアの連続の式**（minority carrier continuity equation）とよんでいる．

半導体に電界が加わっておらず（$E = 0$），発生速度と再結合速度がそれぞれ

$$G_L = \frac{p_0}{\tau_{\mathrm{p}}} \qquad R = \frac{p}{\tau_{\mathrm{p}}} \tag{7.35}$$

で表されるとすると，式 (7.34) の少数キャリアの連続の式は，

$$\frac{\partial p}{\partial t} = D_{\mathrm{p}}\frac{\partial^2 p}{\partial x^2} - \frac{p - p_0}{\tau_{\mathrm{p}}} \tag{7.36}$$

となる．定常状態では $\partial p/\partial t = 0$ なので，境界条件として $x = 0$ において $\Delta p = p(0) - p_0$，$x = \infty$ において $\Delta p = 0$ として解くと，

$$\Delta p = p - p_0 = \{p(0) - p_0\}\exp\left(-\frac{x}{L_{\mathrm{p}}}\right) \tag{7.37}$$

となる．ただし，$L_p = \sqrt{D_p \tau_p}$ である．式 (7.37) を図に表すと，図 7.4 のようになる．$x = L_p$ となる点では，少数キャリアの密度が $x = 0$ での値の $1/e$ になっている．この L_p は**少数キャリアの拡散長**（minority carrier diffusion length）とよばれ，少数キャリアが到達する距離の目安として用いられる．

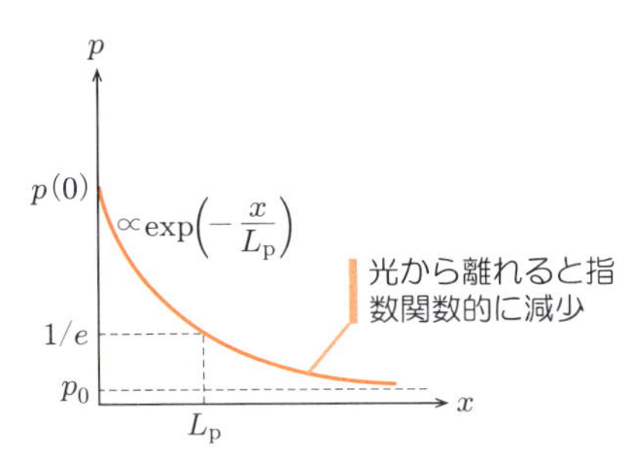

図 7.4　少数キャリアの拡散と拡散長

ここでも n 型半導体中の正孔についてのみ説明してきたが，p 型半導体中の電子についても，各式の添字を p から n に変えるだけで同様に表すことができる．

例題 7.4　電子密度が 2×10^{16} [cm^{-3}] の n 型半導体の一端に光を照射して 3×10^{19} [cm^{-3}] の電子と正孔を発生させた．端面から 0.5 [mm] 離れたところの電子密度を求めよ．ただし，電子の拡散長を 40 [μm] とする．

解　電子密度 2×10^{16} [cm^{-3}] の n 型半導体に新たに 3×10^{19} [cm^{-3}] の電子を発生させたので，過剰電子密度は 3×10^{19} [cm^{-3}] であり，式 (7.37) より，つぎのようになる．

$$\Delta n = n - n_0 = 3 \times 10^{19} \times \exp\left(-\frac{0.5 \times 10^{-3}}{40 \times 10^{-6}}\right) = 1.1 \times 10^{14} [\mathrm{cm}^{-3}]$$

演習問題

[1]　式 (7.29) の方程式を解いて式 (7.31) を導出せよ．

[2]　光を照射して，過剰少数キャリアである電子を 6×10^{17} [cm^{-3}] 発生させた．電子の寿命を 20 [μs] として，100 [μs] 後の電子密度を求めよ．

[3]　定常状態において式 (7.36) を解き，式 (7.37) を導出せよ．

[4]　室温（300 [K]）において n 型半導体の電子の移動度が 4000 [cm^2/(V·s)] とする．電子の拡散係数を求めよ．

第8章 p-n接合

p型とn型の二つの異なる導電型をもつ半導体を接触させたp-n接合を考えてみる．このp-n接合に外部から電圧を印加することで，半導体のバンド構造が変化し，種々の特色のある性質を示すようになる．半導体デバイスの多くはこのp-n接合の特色を利用したものである．本章では，このp-n接合の基本的な性質を学ぼう．

8.1 拡散電位と空乏層

p型とn型の半導体を接触させたものを**p-n接合**（p-n junction）という．p型半導体では電子は価電子帯のすぐ上のアクセプタ準位付近までしか詰まっていないが，n型半導体では伝導帯にまで電子が多数存在する．p型半導体のアクセプタ不純物は，室温のエネルギーによって価電子帯から電子を受け取っており，フェルミ準位はアクセプタ準位付近にある．それに対して，n型半導体ではドナー準位の電子が伝導帯に励起されており，フェルミ準位は伝導帯の直下付近にある．この様子を図8.1に示す．

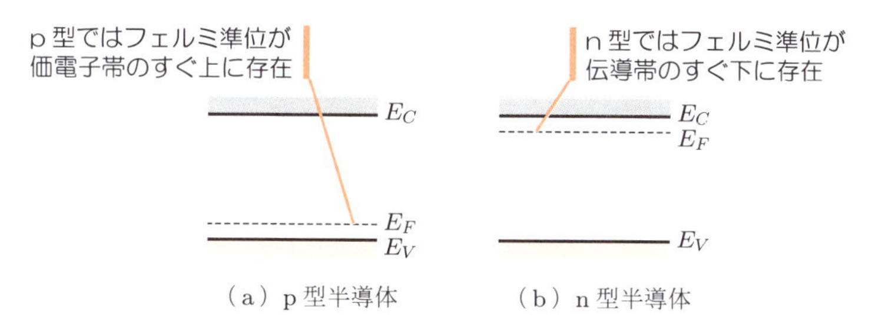

図8.1　p型半導体とn型半導体のエネルギー帯

この二つの半導体を接触させると，キャリアの密度差によってn型半導体中の電子がp型半導体に，p型半導体中の正孔がn型半導体に拡散する．電子が拡散した結果，負の電荷が入ってきたp型半導体は負に，電子を放出して正に帯電したドナーイオンが残ったn型半導体は正に帯電する．同時に，正孔の拡散によってn型半導体はさらに正に，正孔を放出して負に帯電したアクセプタが残ったp型半導体は負に帯電する．

そのため，正に帯電した n 型半導体は，電子から見たエネルギーは低くなり，逆に，負に帯電した p 型半導体は，電子から見たエネルギーは高くなる．p-n 接合を挟んだ層がそれぞれ帯電した結果，p-n 接合には電界が生じて，今度はキャリアの拡散とは逆方向にドリフトによる流れが生じる．そして，拡散による電荷の流れとドリフトによる電荷の流れがつり合ったところで定常状態となる．このときの様子を図 8.2 に示す．定常状態では，p 型および n 型半導体のフェルミ準位が一致した状態になっており，伝導帯の下端 E_C，および価電子帯の上端 E_V は，それぞれ p 型が高く，n 型が低くなっている．電子のエネルギーは接合付近で滑らかな段差をつくっており，この段差の高さ V_d を**拡散電位**（diffusion potential），もしくは**内蔵電位**（built in potential）とよんでいる．この拡散電位の大きさは，電子と正孔の拡散によって生じる電位差により生じる電流とドリフト電流がちょうどつり合って**定常状態**（steady state）となる大きさになっている．

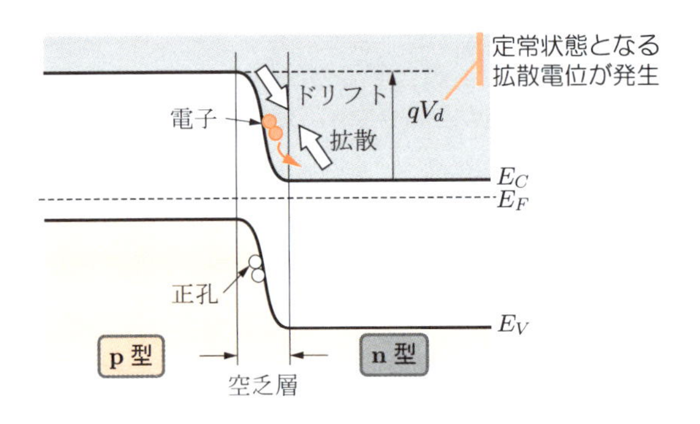

図 8.2　p-n 接合のエネルギー図

プラス α　p-n 接合の製法

ここでは説明の便宜上，p 型半導体と n 型半導体を接触させて p-n 接合をつくっているが，実際にはこのような方法では良好な p-n 接合はできない．その理由として，大気中ではすべての固体表面は大気を構成する分子や意図しない不純物で覆われている．そのため，p 型半導体と n 型半導体とを接触させようとしても，これらの分子や不純物が介在して半導体どうしが接触できなかったり，また，価電子帯と伝導帯との間に多くの準位ができたりするため，図 8.2 のようなエネルギー図にならない．

これらを防ぐために，実際には p 型半導体にはドナー不純物を，n 型半導体にはアクセプタ不純物を後から導入して，表面ではなく，もともと半導体の内部であった場所に p-n 接合を形成することで，これらの難点を解決している．

このとき，接合付近では電位の段差による電界が発生しており，この電界によって電子や正孔は力を受けて，電子は n 型半導体のほうに，正孔は p 型半導体のほうに移動し，図 8.2 に示すように，段差の部分にはキャリアが存在しなくなる．この部分を，キャリアが存在しないという意味で，**空乏層**（depletion layer）という[†]．

8.2 p-n 接合ダイオード

p-n 接合の両端に，p 型半導体が正になるように電圧を印加すると電流が流れ，逆に，負になるように印加すると電流はほとんど流れない．これは**整流作用**（rectification）とよばれ，p-n 接合のもっとも重要な特性である．また，この特性を利用したデバイスを **p-n 接合ダイオード**（p-n junction diode）とよんでいる．以下に，p-n 接合ダイオードの特性について述べる．

8.2.1 p-n 接合ダイオードの整流作用

p-n 接合の p 型に正，n 型に負の電圧を印加すると，正の電圧がかかっている p 型半導体のエネルギーは，電子から見るとエネルギーが低くなるので下方に移動し，逆に，負の電圧がかかっている n 型のエネルギーは上昇する．その結果，印加した電圧を V とすると，接合部分の電位差（拡散電位）V_d は $V_d - V$ へと小さくなってしまう．

電位差が小さくなると，障壁が小さくなって n 型から p 型への電子の拡散，および p 型から n 型への正孔の拡散が増加する．逆に，拡散電位によるドリフトは，電界が小さくなった分だけ小さくなる．その結果，図 8.3 に示すように，p 型から n 型への電流が流れるようになる．このように，p 型に正，n 型に負の電圧を印加することを**順方向バイアス**（forward bias）を加えるという．

順方向バイアスとは逆に，p 型に負，n 型に正の電圧を印加すると，図 8.4 に示すように，今度は p 型半導体のエネルギーが上昇して n 型のエネルギーが下降する．その結果，接合の段差は V_d から $V_d + V$ へと大きくなる．これを**逆方向バイアス**（reverse bias）という．逆方向バイアスでは障壁が高くなるため，n 型から p 型への電子の拡散，および p 型から n 型への正孔の拡散はほとんど生じない．障壁が高くなった分，逆に p 型から n 型への電子，および n 型から p 型への正孔のドリフトが増加しそうであるが，p 型中の電子および n 型中の正孔はいずれも少数キャリアであり，その数はきわめて少ない．そのため，ドリフトによる電流はわずかしか流れない．このように，

† 電子を伝導帯に放出して正にイオン化したドナー不純物と，価電子帯から電子を受け取って負にイオン化したアクセプタ不純物がむき出しになっているという意味で，**空間電荷層**（space charge region）ともよぶ．空間電荷の起源は真空管にあって，やや古典的な表現の趣があり，いまでは空乏層のほうが一般的であろう．

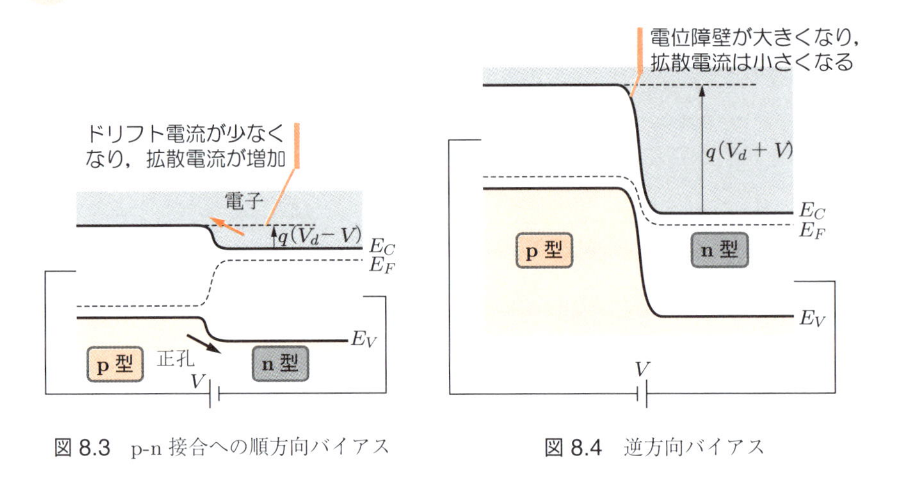

図 8.3　p-n 接合への順方向バイアス　　図 8.4　逆方向バイアス

逆方向バイアスでは電流がほとんど流れないことがわかる．

順方向バイアスでは電流が流れ，逆方向バイアスでは電流が流れないため，接合ダイオードは交流を直流に変換する**整流器**（rectifier）として用いられる．

8.2.2　p-n 接合ダイオードの電流－電圧特性

ダイオードに電圧を印加していない**熱平衡**（thermal equilibrium）時の p 型半導体中の電子密度を n_{p0}，正孔密度を p_{p0}，また，n 型半導体中の電子密度を n_{n0}，正孔密度を p_{n0} と表すことにする．これらの記号で，最初の n または p は，電子密度か正孔密度かを，添字の n または p は n 型か p 型かを，そして，添字の 0 は熱平衡時であることを表している．これらを図示すると，図 8.5 のようになる．

熱平衡時には，p 型と n 型のフェルミ準位 E_F が一致する．そして，p 型の伝導帯と価電子帯は n 型よりも拡散電位 qV_d だけ電子から見たエネルギーが高くなり，n 型の伝導帯に多量にある電子の p 型領域への拡散，また，p 型の価電子帯にある正孔の n 型領域への拡散を妨げている．

n 型領域の伝導帯には多数の電子があり，p 型領域の伝導帯にも少数の電子がある．これらを n_{n0} と n_{p0} とし，図 8.5 中にエネルギーに対する電子数や正孔数とともに示している．図に示すように，p 型領域の電子数は，p 型の伝導帯の位置 $E_{C\mathrm{p}}$ よりも高いエネルギーをもつ n 型領域の電子数と等しく，また，n 型領域の正孔数は，n 型の価電子帯の位置 $E_{V\mathrm{n}}$ よりも高いエネルギー（正孔のエネルギーなので，図では下側になる）をもつ p 型領域の正孔数と等しくなる．

ここで，p 型および n 型中の電子密度 n_{p0} および n_{n0} は，式 (5.16) より，

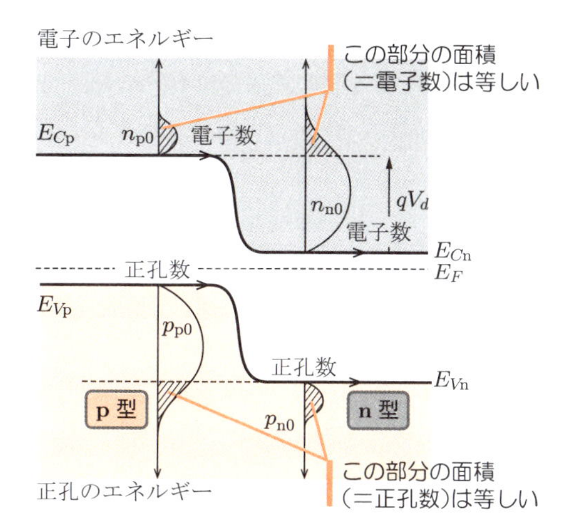

図 8.5　熱平衡時の p-n 接合のキャリア密度

$$n_{p0} = N_C \exp\left(-\frac{E_{Cp} - E_F}{kT}\right) \tag{8.1a}$$

$$n_{n0} = N_C \exp\left(-\frac{E_{Cn} - E_F}{kT}\right) \tag{8.1b}$$

と書ける．式 (8.1a) を式 (8.1b) で割って N_C を消去すると，

$$\begin{aligned}\frac{n_{p0}}{n_{n0}} &= \exp\left(-\frac{E_{Cp} - E_F - E_{Cn} + E_F}{kT}\right)\\ &= \exp\left(-\frac{E_{Cp} - E_{Cn}}{kT}\right) = \exp\left(-\frac{qV_d}{kT}\right)\end{aligned} \tag{8.2}$$

となる．

p-n 接合ダイオードに順方向バイアスを印加すると，接合の障壁が $q(V_d - V)$ に減少するので，n 型から p 型へ拡散する電子数 A_n は，式 (8.2) の V に $V_d - V$ を代入して，

$$A_n = n_{n0} \exp\left\{-\frac{q\,(V_d - V)}{kT}\right\} = n_{p0} \exp\left(\frac{qV}{kT}\right) \tag{8.3}$$

となる．同様に，p 型から n 型へ拡散する正孔は，

$$A_p = p_{p0} \exp\left\{-\frac{q\,(V_d - V)}{kT}\right\} = p_{n0} \exp\left(\frac{qV}{kT}\right) \tag{8.4}$$

となる．

p型半導体中へ入った電子およびn型半導体中へ入った正孔は，ともに少数キャリアであるので，この現象を**少数キャリアの注入**（minority carrier injection）という．少数キャリアの注入の結果，p型からn型へと大きな電流が流れる．これが**順方向電流**（forward current）である．

この順方向電流を求めるために，空乏層を横切って注入された少数キャリアの様子を考えよう．n型からp型に注入された電子，およびp型からn型に注入された正孔は，空乏層を越えると，電界のない半導体中を拡散によって移動する．p型と空乏層の界面での電子密度は，式 (8.3) より $n_{\mathrm{p0}} \exp (qV/kT)$，また，n型と空乏層の界面での正孔密度は，式 (8.4) より $p_{\mathrm{n0}} \exp (qV/kT)$ となる．これらの電子と正孔が電界のない**中性領域**（neutral region）を少数キャリアとして拡散する．拡散中に多数キャリアと再結合して，徐々にそれらの密度は減少していく．その様子を図 8.6 に示す．図中では，p型半導体中への電子の拡散の場合には左向きの x 座標で，またn型中への正孔の拡散には右向きの x' 座標で表している．

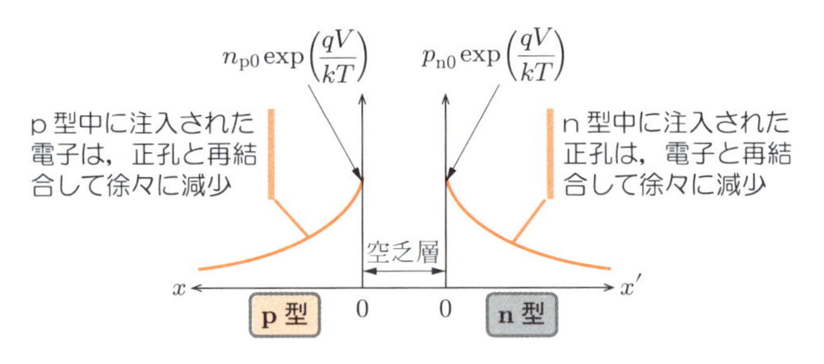

図 8.6　少数キャリアの拡散

ここで，p型半導体中への電子の拡散を考えよう．式 (7.34) で示した少数キャリア連続の方程式を電子の拡散に対して書き直すと，

$$\frac{\partial n}{\partial t} = D_{\mathrm{n}} \frac{\partial^2 n}{\partial x^2} + \mu_{\mathrm{n}} \frac{\partial n}{\partial x} E + \mu_{\mathrm{n}} n \frac{\partial E}{\partial x} + G_L - R \tag{8.5}$$

となる．電子は電界のない中性領域を拡散する．キャリアの発生もないので，$E = 0$，$G_L = 0$ とすると，式 (8.5) は，

$$\frac{\partial n}{\partial t} = D_{\mathrm{n}} \frac{\partial^2 n}{\partial x^2} - R = D_{\mathrm{n}} \frac{\partial^2 n}{\partial x^2} - \frac{n - n_{\mathrm{p0}}}{\tau_{\mathrm{n}}} \tag{8.6}$$

となる．定常状態 $(\partial n/\partial t = 0)$ におけるこの式の一般解は，α，β を積分定数として，

$$\Delta n = n(x) - n_{\mathrm{p0}} = \alpha \exp\left(-\frac{x}{L_{\mathrm{n}}}\right) + \beta \exp\left(\frac{x}{L_{\mathrm{n}}}\right) \tag{8.7}$$

となる．ここで $L_{\mathrm{n}} = \sqrt{D_{\mathrm{n}}\tau_{\mathrm{n}}}$ は少数キャリアの拡散長である．

境界条件は，$x = \infty$ において $n(\infty) - n_{\mathrm{p0}} = 0$ である．そのためには，$\beta = 0$ でなければならない．また，$x = 0$ において $n(0) = n_{\mathrm{p0}} \exp(qV/kT)$ であるので，$x = 0$ を式 (8.7) に代入すると，$\beta = 0$ より $n(0) = \alpha + n_{\mathrm{p0}}$ となる．ここで，$n(0)$ は n 型から p 型へ拡散してきた電子であるので，式 (8.3) の A_{n} と等しい．したがって，

$$n(0) = n_{\mathrm{n0}} \exp\left\{-\frac{q(V_d - V)}{kT}\right\} = n_{\mathrm{p0}} \exp\left(\frac{qV}{kT}\right) = \alpha + n_{\mathrm{p0}} \tag{8.8}$$

が成り立つ．これより，

$$\alpha = n_{\mathrm{p0}}\left\{\exp\left(\frac{qV}{kT}\right) - 1\right\} \tag{8.9}$$

となり，この α を式 (8.7) に代入すると，

$$n(x) = n_{\mathrm{p0}} + n_{\mathrm{p0}}\left\{\exp\left(\frac{qV}{kT}\right) - 1\right\}\exp\left(-\frac{x}{L_{\mathrm{n}}}\right) \tag{8.10}$$

が得られる．

式 (8.10) を用いて p 型半導体中の電子による電流密度 J_{n} を求めよう．中性領域に電界はなく，$E = 0$ である．また，電流の連続性により，p 型半導体中のどの場所で求めてもよいが，簡単のため $x = 0$ の点で求めることにする．図 8.6 に示すように，x 軸に沿って拡散する電子により電流が流れるので，式 (7.13) より，

$$J_{\mathrm{n}} = qn\mu_{\mathrm{n}}E + qD_{\mathrm{n}}\frac{\partial n}{\partial x} = qD_{\mathrm{n}}\left.\frac{\partial n}{\partial x}\right|_{x=0} = -q\frac{D_{\mathrm{n}}}{L_{\mathrm{n}}}n_{\mathrm{p0}}\left\{\exp\left(\frac{qV}{kT}\right) - 1\right\} \tag{8.11}$$

となる．同様に，n 型半導体中の正孔による電流密度 J_{p} は，x' 軸に沿って拡散する正孔によるものなので，

$$J_{\mathrm{p}} = q\frac{D_{\mathrm{p}}}{L_{\mathrm{p}}}p_{\mathrm{n0}}\left\{\exp\left(\frac{qV}{kT}\right) - 1\right\} \tag{8.12}$$

となる．したがって，p-n 接合を流れる全電流 J は，電子による電流と正孔による電流の和で表され，電子が負の電荷をもっていることに留意すると，

$$\begin{aligned} J &= J_{\mathrm{p}} - J_{\mathrm{n}} \\ &= q\left(\frac{D_{\mathrm{p}}}{L_{\mathrm{p}}}p_{\mathrm{n0}} + \frac{D_{\mathrm{n}}}{L_{\mathrm{n}}}n_{\mathrm{p0}}\right)\left\{\exp\left(\frac{qV}{kT}\right) - 1\right\} \end{aligned}$$

$$= J_S \left\{ \exp\left(\frac{qV}{kT}\right) - 1 \right\} \tag{8.13}$$

となる．式 (8.13) を，漏れ電流などを考慮しない**理想ダイオード**（ideal diode）の式とよぶ．式 (8.13) において，

$$J_S = q\left(\frac{D_\mathrm{p}}{L_\mathrm{p}} p_\mathrm{n0} + \frac{D_\mathrm{n}}{L_\mathrm{n}} n_\mathrm{p0}\right) \tag{8.14}$$

は $V < 0$ のときに p-n 接合ダイオードに流れる電流密度であり，p 型および n 型それぞれの少数キャリア密度に依存している．この理想ダイオードの**電流 - 電圧特性**（current - voltage characteristic）を図 8.7 に示す．

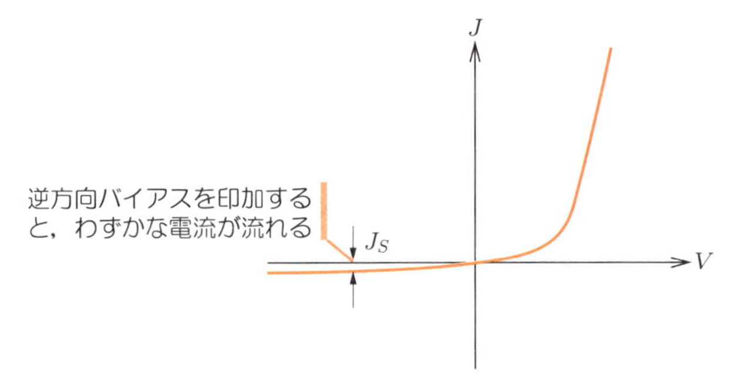

図 8.7　理想 p-n 接合ダイオードの電流 - 電圧特性

p-n 接合ダイオードに逆方向バイアスを印加すると，式 (8.13) の V が負となり，$\exp(qV/kT) \ll 1$ となるので，

$$J = J_S \left\{ \exp\left(\frac{qV}{kT}\right) - 1 \right\} \cong -J_S \tag{8.15}$$

となる．これより，逆方向バイアス時には，印加した電圧と無関係に一定電流密度 $J = -J_S$ が流れることになる．これを**逆方向飽和電流密度**（reverse saturation current density）という．このように，p-n 接合に逆方向バイアスを印加するとわずかに電流が流れ，少数キャリアがあるかぎり 0 とはならないことがわかる．

理想ダイオードの電流 - 電圧特性を示す式 (8.13) において，$V \gg kT/q$ ならば 1 を無視できる．その場合，両辺の対数をとって変形すると，

$$\ln \frac{J}{J_S} = \frac{qV}{kT} \tag{8.16}$$

となり，$\ln J$ と V とが比例する．これらを片対数グラフ上に描くと，図 8.8 に示すよ

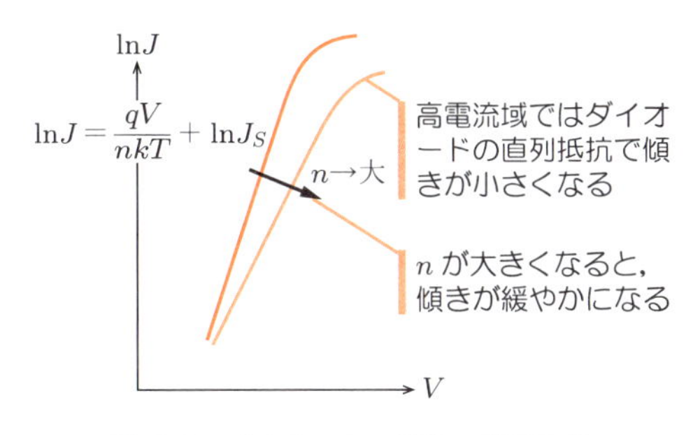

図 8.8 ダイオードの電流 - 電圧特性

うに直線になる．しかし，実際のダイオードの電流 - 電圧特性を測定すると，式 (8.16) のようにはならず，

$$\ln \frac{J}{J_S} = \frac{qV}{nkT} \tag{8.17}$$

のように，**理想化係数**（ideal factor）とよばれる係数 n が分母に入ってくることがわかる．$n = 1$ ならば式 (8.13) に一致し，理想的なダイオードになるが，実際には漏れ電流などの種々の要因により n は 1 より大きな値となる．また，順方向電流が大きくなると，ダイオードの直列抵抗により直線からずれてくる．ダイオードの電流 - 電圧特性の測定を行い，理想化係数の値や，直線からのずれから求めた直列抵抗の値を求めることは，ダイオードの性能推定のために広く行われている．

これまで述べてきたように，p-n 接合に順方向に電流を流すことにより，p 型と n 型の双方に少数キャリアを注入することができる．少数キャリアを注入するということは，化学結合している価電子帯の電子を化学結合を切って伝導帯に励起し，**励起状態**（excited state）をつくることと同じである．半導体デバイスの多くは，p-n 接合を使って励起状態をつくり，励起状態から通常の状態にもどるときの振舞いを利用している．また，p-n 接合に順方向電流を流すことによる少数キャリアの注入により，励起状態を実現している．

例題 8.1 ドナー密度が 1×10^{16} [cm^{-3}]，アクセプタ密度が 2×10^{17} [cm^{-3}] のシリコンの p-n 接合ダイオードの室温（300 [K]）での拡散電位を求めよ．ただし，真性半導体のキャリア密度を 3×10^{10} [cm^{-3}] とし，ドナーおよびアクセプタ不純物はすべてイオン化しているものとする．

解 ドナーおよびアクセプタ不純物はすべてイオン化しているので，

$$n_{\mathrm{n}0} = 1 \times 10^{16} \qquad p_{\mathrm{p}0} = 2 \times 10^{17}$$

となる．$pn = n_{\mathrm{i}}^2$ より，p 型半導体中では $n_{\mathrm{p}0} p_{\mathrm{p}0} = n_{\mathrm{i}}^2$ となるので，

$$n_{p0} = \frac{n_i^2}{p_{p0}} = \frac{\left(3 \times 10^{10}\right)^2}{2 \times 10^{17}} = 4.5 \times 10^3\ [\mathrm{cm}^{-3}]$$

となる．したがって，式 (8.2) より，

$$\frac{n_{p0}}{n_{n0}} = \exp\left(-\frac{qV_d}{kT}\right)$$

となる．両辺の対数をとると，

$$\ln n_{n0} - \ln n_{p0} = \frac{qV_d}{kT}$$

$$V_d = \frac{kT}{q}\left(\ln n_{n0} - \ln n_{p0}\right)$$

$$= \frac{1.38 \times 10^{-23} \times 300}{1.6 \times 10^{-19}} \times \left\{\ln\left(1 \times 10^{16}\right) - \ln\left(4.5 \times 10^3\right)\right\} = 0.74\ [\mathrm{V}]$$

となる．

8.2.3　p-n 接合ダイオードの空乏層

p-n 接合の空乏層部分では，拡散電位による電位が小さな空乏層幅にかかっているため，大きな電界が生じている．そのため，図 8.9 に示すように，自由に動けるキャリアは電界によって移動してしまい，まわりの原子と化学結合して移動することのできないドナーやアクセプタ不純物が残されることになる．これらの不純物は，室温では電子を放出したり引き受けたりして，そのほとんどがイオン化しており，空間に電荷が存在する空乏層を形成している．

空乏層の p 側には電子を引き受けて負に帯電したアクセプタ不純物が，また，n 側には電子を放出して正に帯電したドナー不純物が存在し，これらが薄い空乏層の両端

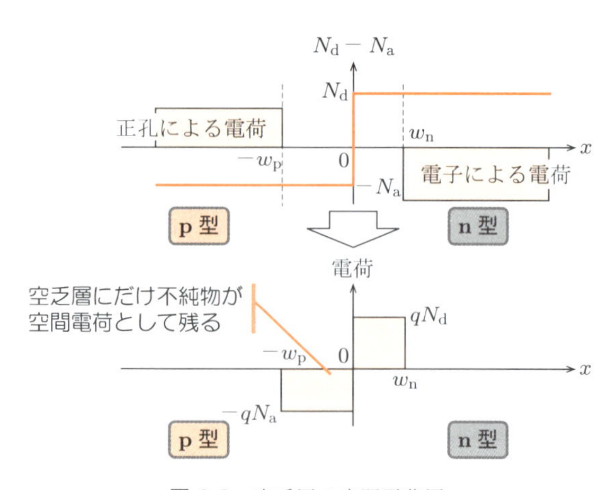

図 8.9　空乏層の空間電荷層

に位置することになる．この状況は，正の電荷と負の電荷が向き合っている平行平板コンデンサのように考えることができ，静電容量をもつことがわかる．この空乏層の静電容量を**接合容量**（junction capacitance）という．

p-n 接合に外部から電圧を印加したとき，中性領域には電界が存在しないと考えると，印加電圧はすべて空乏層に加わることになり，その結果，空乏層の厚さが変化する．空乏層の厚さが変化すると，空乏層に含まれるイオン化した不純物量も変化し，空間電荷量が変化することになる．

空間電荷と電位とは，**ポアソンの式**（Poisson's equation, Siméon Denis Poisson: 1781–1840）で関係付けられている．空乏層の空間電荷密度は添加されている不純物の量で決まるので，この不純物量をポアソンの式に入れて解くことによって，ダイオードの空乏層付近の電位分布を求めることができる．

電位を $V(x)$ とすると，1 次元のポアソンの式は，半導体の誘電率を $\varepsilon = \varepsilon_0\varepsilon_s$ として，

$$\frac{d^2V}{dx^2} = -\frac{\rho}{\varepsilon_0\varepsilon_s} \tag{8.18}$$

と書くことができる．ここで ε_0 は真空の誘電率，ε_s は半導体の比誘電率である．空乏層内に存在する電荷は，図 8.9 に示すように，空乏層の p 側と n 側とで符号が異なっている．そこで，p 側と n 側とを分けて考えよう．p 側の空乏層（$-w_\mathrm{p} < x < 0$）では負に帯電したアクセプタが密度 N_a で存在するので，電荷密度は

$$\rho_\mathrm{p} = -qN_\mathrm{a} \tag{8.19}$$

となる．同様に，n 側の空乏層（$0 < x < w_\mathrm{n}$）では正に帯電したドナーが密度 N_d で存在するので，電荷密度は

$$\rho_\mathrm{n} = qN_\mathrm{d} \tag{8.20}$$

となる．したがって，それぞれの空乏層に対するポアソンの方程式はつぎのようになる．

$$\frac{d^2V_\mathrm{p}}{dx^2} = \frac{qN_\mathrm{a}}{\varepsilon_0\varepsilon_s} \quad \text{（p 側）} \tag{8.21a}$$

$$\frac{d^2V_\mathrm{n}}{dx^2} = -\frac{qN_\mathrm{d}}{\varepsilon_0\varepsilon_s} \quad \text{（n 側）} \tag{8.21b}$$

つぎに，式 (8.21) を積分し，空乏層端（$x = -w_\mathrm{p}$ および $x = w_\mathrm{n}$）で電界 $E = 0$ という境界条件を適用する．

$$\frac{dV_\mathrm{p}}{dx} = \frac{qN_\mathrm{a}}{\varepsilon_0\varepsilon_s}x + C_1 \quad \text{（p 側）} \tag{8.22a}$$

$$\frac{dV_{\mathrm{n}}}{dx} = -\frac{qN_{\mathrm{d}}}{\varepsilon_0\varepsilon_s}x + C_2 \quad (\mathrm{n}\ 側) \tag{8.22b}$$

p 側の端である $x = -w_{\mathrm{p}}$ において，電界は $E = -dV_{\mathrm{p}}/dx = 0$ となるので，この境界条件により，

$$-\frac{qN_{\mathrm{a}}}{\varepsilon_0\varepsilon_s}w_{\mathrm{p}} + C_1 = 0 \qquad \therefore \quad C_1 = \frac{qN_{\mathrm{a}}}{\varepsilon_0\varepsilon_s}w_{\mathrm{p}} \tag{8.23}$$

と求められる．これより，p 側の電界はつぎのようになる．

$$\frac{dV_{\mathrm{p}}}{dx} = \frac{qN_{\mathrm{a}}}{\varepsilon_0\varepsilon_s}x + \frac{qN_{\mathrm{a}}}{\varepsilon_0\varepsilon_s}w_{\mathrm{p}} = \frac{qN_{\mathrm{a}}}{\varepsilon_0\varepsilon_s}(x + w_{\mathrm{p}}) = -E_{\mathrm{p}} \tag{8.24}$$

式 (8.24) をもう一度積分すると，p 側の電位が得られる．

$$V_{\mathrm{p}} = \frac{qN_{\mathrm{a}}}{2\varepsilon_0\varepsilon_s}x^2 + \frac{qN_{\mathrm{a}}}{\varepsilon_0\varepsilon_s}w_{\mathrm{p}}x + C_1' \tag{8.25}$$

電位は p 型のほうが低い（これまでのエネルギー図は電子からみたエネルギーなので，p 型が高くなっていることに注意）ので，$x = -w_{\mathrm{p}}$ を電位の基準点として，$x = -w_{\mathrm{p}}$ で $V_{\mathrm{p}} = 0$ とすると，

$$0 = \frac{qN_{\mathrm{a}}}{2\varepsilon_0\varepsilon_s}w_{\mathrm{p}}^2 + \frac{qN_{\mathrm{a}}}{\varepsilon_0\varepsilon_s}w_{\mathrm{p}}(-w_{\mathrm{p}}) + C_1' \qquad \therefore \quad C_1' = \frac{qN_{\mathrm{a}}}{2\varepsilon_0\varepsilon_s}w_{\mathrm{p}}^2 \tag{8.26}$$

となり，V_{p} はつぎのように求められる．

$$V_{\mathrm{p}} = \frac{qN_{\mathrm{a}}}{2\varepsilon_0\varepsilon_s}x^2 + \frac{qN_{\mathrm{a}}}{\varepsilon_0\varepsilon_s}w_{\mathrm{p}}x + \frac{qN_{\mathrm{a}}}{2\varepsilon_0\varepsilon_s}w_{\mathrm{p}}^2 = \frac{qN_{\mathrm{a}}}{2\varepsilon_0\varepsilon_s}(x + w_{\mathrm{p}})^2 \tag{8.27}$$

同様に，n 側においても式 (8.22b) に $x = w_{\mathrm{n}}$ で電界 $E = -dV_{\mathrm{n}}/dx = 0$ の境界条件を適用すると，

$$C_2 = \frac{qN_{\mathrm{d}}}{\varepsilon_0\varepsilon_s}w_{\mathrm{n}} \tag{8.28}$$

となり，式 (8.22b) の電界が

$$\frac{dV_{\mathrm{n}}}{dx} = -\frac{qN_{\mathrm{d}}}{\varepsilon_0\varepsilon_s}x + \frac{qN_{\mathrm{d}}}{\varepsilon_0\varepsilon_s}w_{\mathrm{n}} = \frac{qN_{\mathrm{d}}}{\varepsilon_0\varepsilon_s}(w_{\mathrm{n}} - x) = -E_{\mathrm{n}} \tag{8.29}$$

と求められる．これを再度積分すると，n 側の電位はつぎのように求められる．

$$V_{\mathrm{n}} = -\frac{qN_{\mathrm{d}}}{2\varepsilon_0\varepsilon_s}x^2 + \frac{qN_{\mathrm{d}}}{\varepsilon_0\varepsilon_s}w_{\mathrm{n}}x + C_2' \tag{8.30}$$

ここで，$x = w_{\mathrm{n}}$ において電位は拡散電位 V_d と等しくなるので，

$$V_d = -\frac{qN_{\mathrm{d}}}{2\varepsilon_0\varepsilon_s}w_{\mathrm{n}}^2 + \frac{qN_{\mathrm{d}}}{\varepsilon_0\varepsilon_s}w_{\mathrm{n}}^2 + C_2' \qquad \therefore \quad C_2' = V_d - \frac{qN_{\mathrm{d}}}{2\varepsilon_0\varepsilon_s}w_{\mathrm{n}}^2 \tag{8.31}$$

となる．これより，n 側の電位は

$$V_{\mathrm{n}} = -\frac{qN_{\mathrm{d}}}{2\varepsilon_0\varepsilon_s}(w_{\mathrm{n}} - x)^2 + V_d \tag{8.32}$$

となる．

これまで求めた接合付近での電界，および電位の様子を図 8.10 に示す．電界の大きさは接合部で最大となる．また，電界の値が負になっているのは，n 側の正に帯電したドナーから，p 側の負に帯電したアクセプタへと，x 軸の負の方向に電界が発生しているためである．

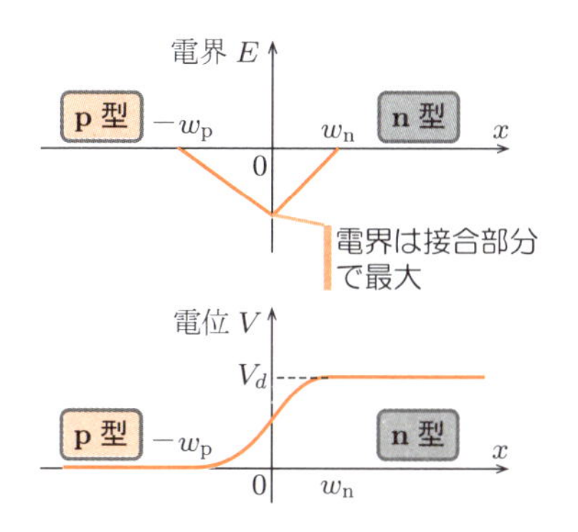

図 8.10 空乏層付近の電界と電位の変化

接合面 $x=0$ では電界および電位が連続となっており，接合面で電界が等しいことから，

$$\left.\frac{dV_{\mathrm{p}}}{dx} = \frac{dV_{\mathrm{n}}}{dx}\right|_{x=0} \qquad \therefore \quad \frac{qN_{\mathrm{a}}}{\varepsilon_0\varepsilon_s}w_{\mathrm{p}} = \frac{qN_{\mathrm{d}}}{\varepsilon_0\varepsilon_s}w_{\mathrm{n}} \tag{8.33}$$

が成り立つ．これより，

$$N_{\mathrm{a}}w_{\mathrm{p}} = N_{\mathrm{d}}w_{\mathrm{n}} \tag{8.34}$$

という関係が得られる．これは図 8.9(b) で，p 側に現れる空間電荷の大きさと n 側に現れる空間電荷の大きさが等しくなることを示している．

また，$x = 0$ では電位も等しくなるので，式 (8.27), (8.32) より，

$$\frac{1}{2}\frac{qN_{\mathrm{a}}}{\varepsilon_0\varepsilon_s}(x+w_{\mathrm{p}})^2 = -\frac{1}{2}\frac{qN_{\mathrm{d}}}{\varepsilon_0\varepsilon_s}(w_{\mathrm{n}}-x)^2 + V_d\bigg|_{x=0}$$

$$\therefore \quad V_d = \frac{1}{2}\frac{qN_{\mathrm{a}}}{\varepsilon_0\varepsilon_s}w_{\mathrm{p}}^2 + \frac{1}{2}\frac{qN_{\mathrm{d}}}{\varepsilon_0\varepsilon_s}w_{\mathrm{n}}^2 \tag{8.35}$$

となる．式 (8.35) と式 (8.34) の関係より，w_{p}，w_{n} がつぎのように求められる．

$$w_{\mathrm{p}} = \sqrt{\frac{2\varepsilon_0\varepsilon_s N_{\mathrm{d}} V_d}{qN_{\mathrm{a}}(N_{\mathrm{a}}+N_{\mathrm{d}})}}, \qquad w_{\mathrm{n}} = \sqrt{\frac{2\varepsilon_0\varepsilon_s N_{\mathrm{a}} V_d}{qN_{\mathrm{d}}(N_{\mathrm{a}}+N_{\mathrm{d}})}} \tag{8.36}$$

式 (8.34) より，ドナー密度がアクセプタ密度より多いと $w_{\mathrm{p}} > w_{\mathrm{n}}$，逆に，アクセプタ密度のほうが多いと $w_{\mathrm{p}} < w_{\mathrm{n}}$ となり，空乏層は不純物密度の少ない側に大きく広がることがわかる．空乏層全体の幅は $w = w_{\mathrm{p}} + w_{\mathrm{n}}$ となるので，つぎのようになり，拡散電位 V_d の平方根に比例することがわかる．

$$\begin{aligned} w = w_{\mathrm{p}} + w_{\mathrm{n}} &= \sqrt{\frac{2\varepsilon_0\varepsilon_s N_{\mathrm{d}} V_d}{qN_{\mathrm{a}}(N_{\mathrm{a}}+N_{\mathrm{d}})}} + \sqrt{\frac{2\varepsilon_0\varepsilon_s N_{\mathrm{a}} V_d}{qN_{\mathrm{d}}(N_{\mathrm{a}}+N_{\mathrm{d}})}} \\ &= \sqrt{\frac{2\varepsilon_0\varepsilon_s V_d(N_{\mathrm{a}}+N_{\mathrm{d}})}{qN_{\mathrm{a}}N_{\mathrm{d}}}} \end{aligned} \tag{8.37}$$

8.2.4　p-n 接合ダイオードの静電容量

p-n 接合には正負の空間電荷が向き合って存在しており，平行平板コンデンサと同様に，静電容量をもっている．この空間電荷は，半導体に添加されている不純物がキャリアのない空乏層でむき出しになっていることにより生じている．そのため，空乏層の空間電荷量は，半導体に添加されている不純物密度と，式 (8.37) から得られる空乏層幅から求めることができる．p-n 接合に外部から電圧を印加すると，式 (8.37) の V_d に外部からの電圧が加わるため，空乏層幅は外部電圧によって変化する．その結果，空間電荷量も外部電圧によって変化する．

外部電圧 V が $V+dV$ へと変化したとき，空間電荷量 Q が $Q+dQ$ へと変化したとすると，そのときの**動的容量**（incremental capacitance）は，

$$C = \frac{dQ}{dV} \tag{8.38}$$

と書ける．式 (8.34) より，p 側と n 側の空間電荷量は等しいので，どちらか一方で考えればよいことになる．ここで，n 側の空間電荷量を考えると，外部から電圧 V を印加したときの n 側の空乏層幅は，式 (8.36) より，

$$w_{\mathrm{n}} = \sqrt{\frac{2\varepsilon_0\varepsilon_s N_{\mathrm{a}}}{qN_{\mathrm{d}}\left(N_{\mathrm{a}}+N_{\mathrm{d}}\right)}}\sqrt{V_d - V} \tag{8.39}$$

となる．空間電荷量はドナー密度と w_{n} との積で求められるので，

$$Q = qN_{\mathrm{d}} \times w_{\mathrm{n}} = \sqrt{\frac{2q\varepsilon_0\varepsilon_s N_{\mathrm{a}} N_{\mathrm{d}}}{\left(N_{\mathrm{a}}+N_{\mathrm{d}}\right)}}\sqrt{V_d - V} \tag{8.40}$$

となる．これを式 (8.38) に代入し，V のかわりに $V_d - V$ で微分すると，p-n 接合の接合容量は，

$$C = \sqrt{\frac{q\varepsilon_0\varepsilon_s N_{\mathrm{a}} N_{\mathrm{d}}}{2\left(N_{\mathrm{a}}+N_{\mathrm{d}}\right)}}\frac{1}{\sqrt{V_d - V}} \tag{8.41}$$

となる．この値は，単位面積あたりの平行平板コンデンサの静電容量を表す式 $C = \varepsilon_0\varepsilon_s/w$ に極板間の距離として空乏層幅 w を代入して求めた静電容量

$$C = \frac{\varepsilon_0\varepsilon_s}{w} = \sqrt{\frac{q\varepsilon_0\varepsilon_s N_{\mathrm{a}} N_{\mathrm{d}}}{2\left(N_{\mathrm{a}}+N_{\mathrm{d}}\right)}}\frac{1}{\sqrt{V_d - V}} \tag{8.42}$$

と等しくなっていることがわかる．また，式 (8.42) を書きなおすと，

$$\frac{1}{C^2} = \frac{2\left(N_{\mathrm{a}}+N_{\mathrm{d}}\right)}{q\varepsilon_0\varepsilon_s N_{\mathrm{a}} N_{\mathrm{d}}}\left(V_d - V\right) \tag{8.43}$$

となり，$1/C^2$ と外部からの印加電圧 V との関係は，図 8.11 のように直線になる．また，式 (8.43) に $1/C^2 = 0$ を代入すると $V = V_d$ となることから，図の直線と V 軸との交わる点（$1/C^2 = 0$）が拡散電位 V_d を表していることがわかる．これを利用して，拡散電位を求めるために p-n 接合ダイオードの電圧‐静電容量特性を測定することもある．

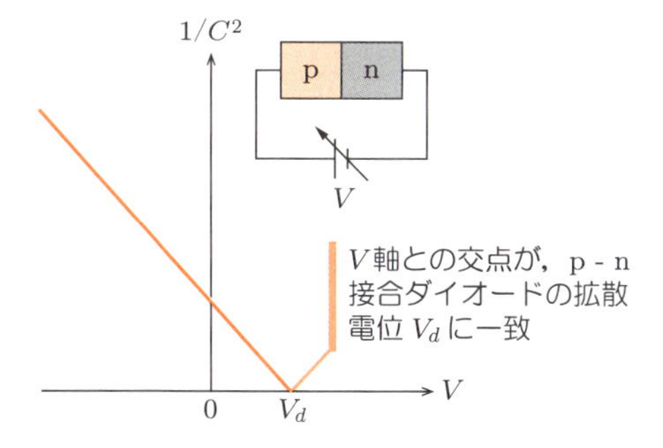

図 8.11 接合容量の電圧特性（V - $1/C^2$ 特性）

プラス α　接合の形状と $1/C^2$, $1/C^3$

ここではアクセプタ不純物とドナー不純物の密度が接合付近で急激に変化しているとして接合容量を求めた．しかし，実際にはアクセプタ不純物が徐々に減って，接合を越えるとドナー不純物が徐々に増えるような，不純物密度が接合付近で緩やかに変化する接合もある．本章で取り上げたような不純物が急激に変化している接合は**階段接合**（step junction）とよばれ，$1/C^2$ と V とが比例関係になる．また，不純物密度が緩やかに変化する接合を**傾斜接合**（graded junction）とよぶ．不純物密度が 1 次関数で変化するような場合には $1/C^2$ ではなく，$1/C^3$ と V とが比例関係になる．

接合付近で不純物密度がどのように変化するかは，接合の作製方法などによって決まる．また，接合容量と電圧との関係を実測し，$1/C^2$ と $1/C^3$ のどちらが V と比例関係になるかを見ることで，階段接合か傾斜接合かを判別することができる．

例題 8.2　シリコンの p-n 接合において，拡散電位が 0.75 [V] であった．アクセプタおよびドナー不純物密度をそれぞれ 6×10^{14} [cm^{-3}]，9×10^{14} [cm^{-3}] としたとき，空乏層の厚さと単位面積あたりの静電容量を求めよ．ただし，シリコンの比誘電率を 12 とする．

解　外部からバイアス電圧が印加されていないので，式 (8.37) より†，

$$
\begin{aligned}
w &= \sqrt{\frac{2\varepsilon_0\varepsilon_s V_d\,(N_\mathrm{a}+N_\mathrm{d})}{qN_\mathrm{a}N_\mathrm{d}}} \\
&= \sqrt{\frac{2\times 8.854\times 10^{-12}\times 12\times 0.75\times\left(6\times 10^{20}+9\times 10^{20}\right)}{1.6\times 10^{-19}\times 6\times 10^{20}\times 9\times 10^{20}}} \\
&= 1.7\times 10^{-6}\ [\mathrm{m}]
\end{aligned}
$$

となる．単位面積あたりの静電容量は，式 (8.42) より，つぎのように求められる．

$$
C = \frac{\varepsilon_0\varepsilon_s}{w} = \frac{8.854\times 10^{-12}\times 12}{1.7\times 10^{-6}} = 6.2\times 10^{-5}\ [\mathrm{F/m^2}]
$$

8.2.5　p-n 接合の降伏現象

p-n 接合ダイオードに逆方向バイアスを印加してもごく小さな逆方向飽和電流が流れるだけであるが，印加する電圧を増加していくと，図 8.12 に示すように，ある電圧 V_B で突然大電流が流れるようになる．この現象を p-n 接合の**降伏**（breakdown）とよぶ．p-n 接合の降伏が生じる機構には，**アバランシェ降伏**（avalanche breakdown）とよばれるものと，**ツェナー降伏**（Zener breakdown）とよばれるものの 2 種類がある．ここでは，それぞれの機構の概要について学ぼう．

† 不純物密度の単位を [cm^{-3}] から [m^{-3}] へ，10^6 をかけて変換することに注意せよ．

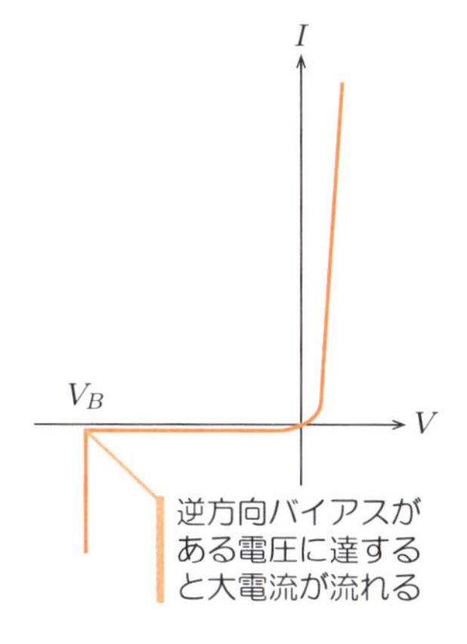

図 8.12　p-n 接合の降伏現象

● アバランシェ機構

p-n 接合ダイオードに大きな逆方向バイアスが印加されると，少数キャリアが大きな電界で加速されて，大きなエネルギーをもって半導体内を移動するようになる．この少数キャリアが価電子と衝突すると，価電子にエネルギーを与えて，図 8.13 のように，価電子を伝導帯に励起する．励起された価電子は伝導電子となって電界によって加速され，別の価電子と衝突して，伝導帯に励起する．これを繰り返すことにより，伝導電子が雪崩のように増加して，ダイオードに大電流が流れるようになる．これがアバランシェ（雪崩）降伏である．

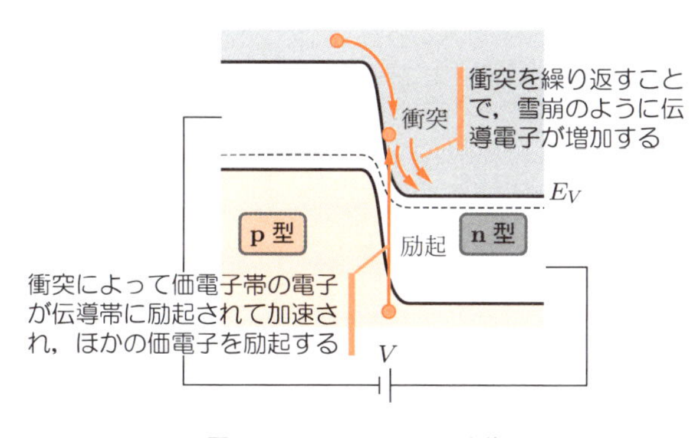

図 8.13　アバランシェ降伏

アバランシェ降伏は，一般に空乏層内の電界が 10^5～10^6 [V/cm] を超えると生じる．アバランシェ降伏におけるキャリアの**増幅率**（multiplication factor）を M とすると，逆方向電流は

$$I_R = MI_s \tag{8.44}$$

と書ける．ここで，M は

$$M = \frac{1}{1-(V/V_B)^n} \tag{8.45}$$

で表される値であり，通常，n は2〜6の範囲の値となる．

● ツェナー機構

逆方向バイアスが大きくなり，空乏層に大きな電圧が加わって空乏層内の電界が大きくなると，図 8.14 に示すように，p 型の価電子帯と n 型の伝導帯との間が薄くなって p 型半導体の価電子帯の電子が**量子力学的トンネル効果**（quantum mechanical tunneling effect）で n 型半導体の伝導帯に移動するようになる．この現象によって，逆方向バイアス下の p-n 接合ダイオードに大電流が流れるようになる．この機構は 1934 年にツェナー（Clarence Zener: 1905–1993）によって発見されたので，ツェナー効果（Zener effect）とよばれる．

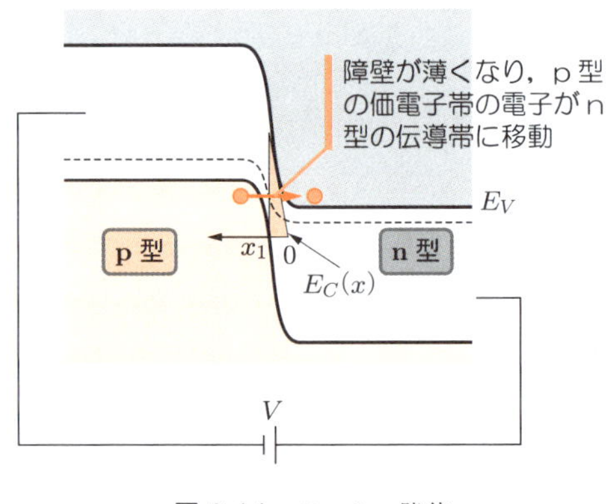

図 8.14　ツェナー降伏

p-n 接合に逆方向バイアスがかかっているとき，電子から見た障壁は，図 8.14 の中央に示すような三角形のポテンシャルで近似できる．量子力学によると，この三角形の障壁を電子が通り抜ける確率 P は，

$$P = A\exp\left\{-\frac{4\pi}{h}\sqrt{2m_{\mathrm{n}}^*}\int_0^{x_1}\sqrt{E_C(x)-E}dx\right\} \tag{8.46}$$

と表すことができる．ここで，この三角形のポテンシャルは，電界強度を F とすると，

$$E_C(x) = qFx \tag{8.47}$$

と書けるので，式 (8.47) を式 (8.46) に代入して積分を実行すると，電子が通り抜ける確率が，

$$P = A\exp\left\{-\frac{8\pi}{3h}(2m_{\mathrm{n}}^{*}qF)^{1/2}x_1^{3/2}\right\} \tag{8.48}$$

と求められる．ここで，

$$x_1 = \frac{E_g}{qF} \tag{8.49}$$

であるので，電子が三角形の障壁を通り抜ける確率は，つぎのようになる．

$$P = A\exp\left\{-\frac{8\pi(2m_{\mathrm{n}}^{*})^{1/2}}{3qh}\frac{{E_g}^{3/2}}{F}\right\} \tag{8.50}$$

実際の降伏現象では，アバランシェ降伏とツェナー降伏のどちらか一方のみが生じるのではなく，両方の現象が同時に生じており，どちらが主かということである．一般に，降伏電圧が大きいとアバランシェ降伏が，また，降伏電圧が小さいとツェナー降伏が主となり，両者の境の電圧は $V_B = 6\,[\mathrm{V}]$ 付近である．

図 8.12 より，降伏が生じると，電流の大きさにかかわらず電圧が V_B で一定になるので，p-n 接合ダイオードの降伏は，主に基準電圧をつくるのに用いられる．この目的でつくられたダイオードを，その降伏がアバランシェ機構によるものか，ツェナー機構によるものかを問わず，一般に**ツェナーダイオード**（Zener diode）とよぶ．

プラス α ● ツェナーダイオードで基準電圧をつくる

基準電圧をつくるという目的からすれば，周囲温度にかかわらず，降伏電圧が一定であることが望ましい．そのためには，降伏電圧の温度係数がゼロに近い必要がある．アバランシェ降伏は正の温度係数をもち，ツェナー降伏は負の温度係数をもっており，5~6 [V] の降伏電圧をもつツェナーダイオードでは，両者がほぼ半々の割合で生じるため，温度係数がきわめて小さくなる．そのため，実用上は $V_B = 5\sim6\,[\mathrm{V}]$ 付近のツェナーダイオードがもっともよく用いられている．

演習問題

[1] 逆方向飽和電流 J_S を $5\times10^{-3}\,[\mathrm{mA}]$ として，p-n 接合ダイオードの電流 - 電圧特性（式 (8.13)）を描け．

[2] n 型半導体のドナー密度が 2×10^{21} [m^{-3}]，p 型半導体のアクセプタ密度が 8×10^{21} [m^{-3}] であるシリコンの p-n 接合ダイオードの 300 [K] における空乏層幅を求めよ．ただし，拡散電位を 0.7 [V]，シリコンの比誘電率を 12 とする．

[3] 接合面積を 2×10^{-2} [mm^2] として，演習問題［2］における接合容量を求めよ．

[4] アバランシェ降伏が生じる電圧は，温度が高くなると大きくなる．その理由を説明せよ．

第9章 バイポーラトランジスタ

1948年にベル研究所で発明されたトランジスタは，コンピュータ，原子力と並ぶ20世紀の3大発明といわれるほど，その出現は社会に大きなインパクトを与えた．最初に開発された点接触トランジスタは，動作が不安定で，特性のばらつきも大きく，ほとんど使い物にならなかった．その後，多くの研究者によって新しい技術がつぎつぎに開発されて，トランジスタの寿命や性能は飛躍的に向上し，広くに普及するに至った．本章では，その基本となるバイポーラトランジスタの構造と原理，基本的な特性について学ぼう．

9.1 バイポーラトランジスタの構造と原理

二つのp-n接合で構成したトランジスタを，電子と正孔の両方を用いるという意味で**バイポーラトランジスタ**（bipolar transistor）とよぶ．バイポーラトランジスタは，図9.1に示すように，n-p-nもしくはp-n-pのように三層のサンドイッチ構造をしている．前者を**npnトランジスタ**，後者を**pnpトランジスタ**とよび，図9.1に示す記号を用いて表す．p型とn型との境界はp-n接合を形成しており，それぞれの層には**電極**（electrode）が形成されて外部端子となっている．これら三つの層には，それぞれ**エミッタ**（E: emitter），**ベース**（B: base），**コレクタ**（C: collector）の名前が付けられている．エミッタとコレクタは文字通り電子を放射，および収集する機能をもつことから，そして，真ん中のベースは，最初に発明された**点接触トランジスタ**（point contact transistor）では文字通り「台（base）」になっていたことに由来する．

図9.1に示すように，これらの電極に，外部からエミッタ－ベースの接合には順方向バイアスを，また，ベース－コレクタ接合には大きな逆方向バイアスを印加する．エミッタ－ベースの接合では，順方向バイアスによって多量の少数キャリアがエミッタからベースに注入されて順方向電流が流れるが，逆方向バイアスがかかっているベース－コレクタ接合では，わずかな逆方向飽和電流が流れるだけである．

ベース領域の厚さが，ベース領域の少数キャリアの拡散長程度よりも薄くなっているとすると，エミッタ－ベース接合から注入された少数キャリアの大多数は，ベース

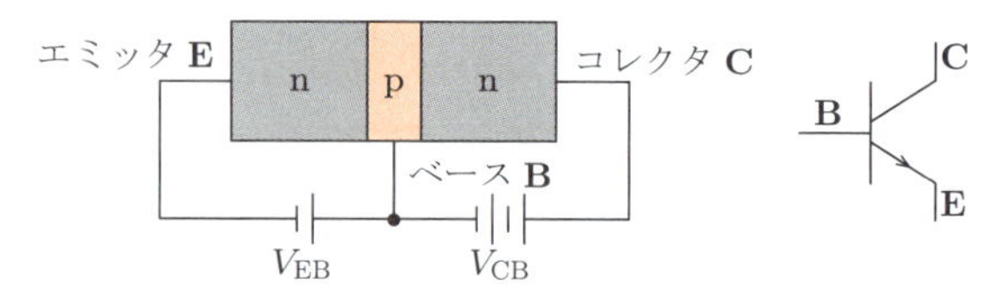

（a）npn トランジスタの構造(左)と記号(右)

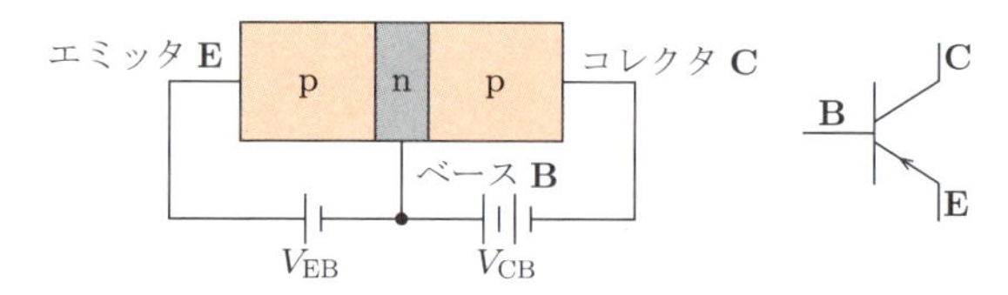

（b）pnp トランジスタの構造(左)と記号(右)

図 9.1　バイポーラトランジスタの構造（左）と記号（右）

内で多数キャリアと再結合することなく，外部から大きな逆方向バイアスが印加されているベース - コレクタ接合に到達する．通常，p-n 接合に逆方向バイアスを印加すると，p 型，n 型の両方にごくわずか存在する少数キャリアが移動することによる微小な逆方向飽和電流が流れるだけであるが，トランジスタのベース - コレクタ接合には，ベース領域を越えてきたベース領域にとっての少数キャリアが多数存在するため，トランジスタのベース - コレクタ接合には，逆方向バイアス下にあるにもかかわらず大きな電流が流れる．

このベース - コレクタ接合の電流は，ベースからやってきた少数キャリアがベース - コレクタ間の電圧 V_{CB} によってコレクタに引き込まれるために生じる．そのため，コレクタ電流の大きさを決めるのは，ベースからの少数キャリアの数であり，少数キャリアをコレクタ領域に引き込むだけの大きさがあれば，V_{CB} にはほとんど依存しないことがわかる．また，この少数キャリアはエミッタからベース領域に注入されたものであり，エミッタ - ベース間に印加するバイアスの大きさを変化させることでエミッタからベースに注入される少数キャリアの量を制御すると，ベース - コレクタ接合の電流を制御することができる．これがトランジスタの増幅作用の原理である．

例題 9.1　npn トランジスタの無バイアス時，およびバイアス時のエネルギー帯図を描け．

解　無バイアス時にはエミッタ，ベース，コレクタのフェルミ準位がそろっている．バイアスを印加すると，順方向バイアスを印加されたエミッタ - ベース間は障壁が小さく，逆方向バイアスを印加されたベース - コレクタ間は障壁が大きくなる．エネルギー帯図は，図 9.2 のようになる．

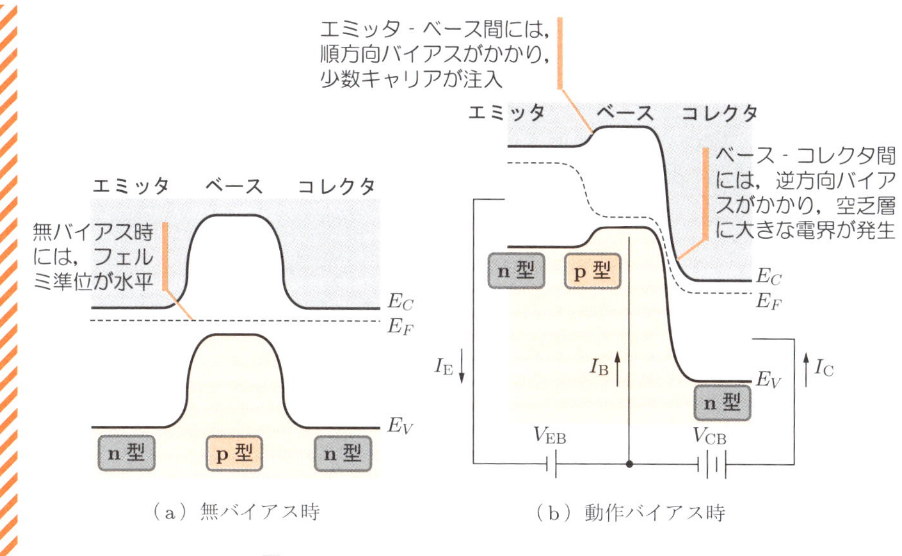

（a）無バイアス時　　（b）動作バイアス時

図 9.2　npn トランジスタのエネルギー帯図

9.2 トランジスタの動作特性

トランジスタ内のキャリアの動きを，図 9.3 に示す npn トランジスタを例に考えよう．エミッタ - ベース間に順方向に印加された電圧 V_{EB} によって，①エミッタからベースへ電子が，また逆に，②ベースからエミッタへ正孔がそれぞれ注入される．①の電子の大多数はベース領域を横切り，コレクタに到達してトランジスタの動作に関与するが，②の正孔はエミッタ内で再結合して消滅するだけであり，トランジスタの動作に関与しない．そのため，全電流中に占める電子電流の割合を γ で表し，**エミッタ注入効率**（emitter injection efficiency）とよんでいる．

トランジスタは三端子素子なので，どれかの端子を入力と出力に共通にして四端子

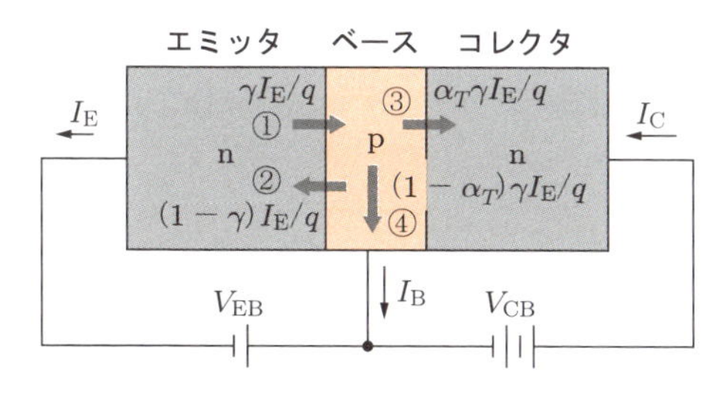

図 9.3　npn トランジスタのキャリアの流れ

素子として用いる．エミッタからベースに注入された電子の一部は，ベース内の多数キャリアである正孔と再結合して消滅し，ベース電流となってベース電極から外部に流れる．ベース内で再結合せずにベース - コレクタ接合にたどり着いた大多数の電子は，ベース - コレクタ接合に印加されている大きな逆方向バイアス電圧により加速されて，コレクタ内へと移動してコレクタ電流となって外部に流れ，トランジスタの出力となる．このように，ベースで再結合せずにコレクタまで到達し，出力に寄与する電子の割合を α_T で表し，**ベース輸送効率**（base transport efficiency）という．α_T も γ も，1 に近いほどトランジスタの効率が高いことを表している．

トランジスタのエミッタ，ベース，コレクタの各端子に流れる電流 I_{E}，I_{B}，I_{C} の間には，キルヒホッフの第一法則

$$I_{\mathrm{E}} = I_{\mathrm{B}} + I_{\mathrm{C}} \tag{9.1}$$

が成り立つ．ここで，図 9.4(a) のように，トランジスタのベースを接地（入出力共通）し，入力を I_{E}，出力を I_{C} としたとき，入力と出力の比，すなわち増幅率は，

$$\alpha = \frac{I_{\mathrm{C}}}{I_{\mathrm{E}}} \tag{9.2}$$

となる．この α を**ベース接地電流増幅率**（common-base current gain）という．式 (9.1) より，$I_{\mathrm{E}} > I_{\mathrm{C}}$ であるので，式 (9.2) の α の値は 1 よりわずかに小さな値となる．

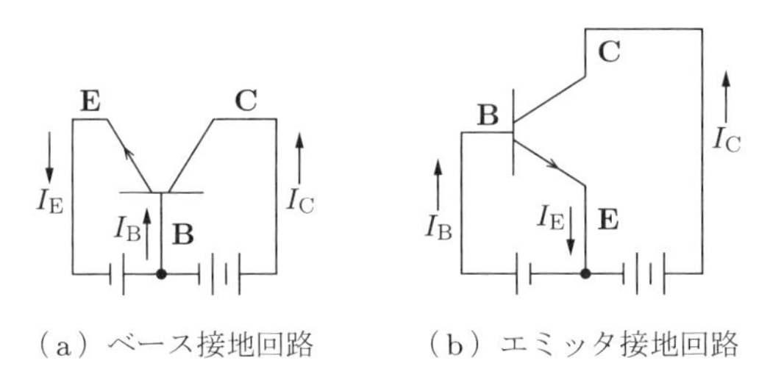

図 9.4　ベース接地回路とエミッタ接地回路

つぎに，図 9.4(b) のようにエミッタを接地した回路では，入力は I_{B}，出力は I_{C} となるので，回路の増幅率は

$$\beta = \frac{I_{\mathrm{C}}}{I_{\mathrm{B}}} \tag{9.3}$$

となる．この β を**エミッタ接地電流増幅率**（common-emitter current gain）という．式 (9.3) に式 (9.2) を代入すると，

$$\beta = \frac{\alpha}{1-\alpha} \tag{9.4}$$

という関係が得られる．ここで，I_B はエミッタから注入された電子がベース領域で再結合するために生じる電流であり，ベース領域が薄いときわめて小さな値となる．エミッタからの電子の 99% がベース - コレクタ接合に到着するとして，α の値を 0.99 とすると，β の値は 99 となる．このようなエミッタ接地回路の場合には，トランジスタは入力を約 100 倍に増幅できることがわかる．

コーヒーブレイク◯ 半導体素子の普及と MOSFET

バイポーラトランジスタは，かつてはラジオやテレビといった家電製品に使われていた真空管とつぎつぎに置き換えられ，瞬く間に広く普及してきた．しかし，抵抗やコンデンサなどの回路素子をトランジスタと同じシリコン基板上に形成して配線した**集積回路**が普及し始め，扱う信号がアナログからデジタルへと移ると，同じ面積にたくさんの素子を集積でき，消費電力の少ない MOSFET にその座をとってかわられた．いまでもバイポーラトランジスタはトランジスタ一個ずつの素子（**ディスクリート素子**（discrete device））や，**演算増幅器**（オペアンプ（operational amplifier）），オーディオ回路，電源回路などに使われているが，パソコンやデジタルオーディオ機器などでは，使われている素子のほとんどすべてが MOSFET 集積回路となっている．MOSFET については第 12 章で学ぶ．

演習問題

[1] バイポーラトランジスタのベースの厚さを徐々に増加していくと，トランジスタの特性はどのように変化するかを説明せよ．

[2] エミッタ注入効率を改善するためには，どのような方策が考えられるか．

[3] 式 (9.4) を導け．

[4] α が 0.995 のトランジスタのエミッタ接地電流増幅率を求めよ．

[5] ベース接地電流増幅率 α がエミッタ電流値によって変化する理由を説明せよ．

第10章 金属 - 半導体接合

p-n 接合ダイオードやバイポーラトランジスタなどの半導体素子を使うには，外部回路と金属配線で結ばなければならない．このため，半導体表面に金属配線との接続のための電極を形成する必要がある．本章では，金属と半導体とを接合した際の電気的な特性について学ぼう．

10.1 ショットキー接合

金属と半導体とを接触させると，半導体の p-n 接合のような整流作用を示すことがある．このような接合を**ショットキー接合**（Schottky contact）という．過去には，p 型を示す半導体であるセレンの多結晶膜上にカドミウムやビスマスなどの金属膜を形成して，その間の整流作用を利用する**セレン整流器**（selenium rectifier）に応用されていた．その後，小型で高性能であり，信頼性も高いシリコンの p-n 接合ダイオードの普及によってセレン整流器は姿を消すことになるが，ここでは，この整流機構の原理を考えよう．

金属中の電子を真空中に取り出すには，フェルミ準位にある電子を真空準位まで励起するだけのエネルギーが最低限必要となる．このエネルギーを仕事関数といい，図 10.1(a) の $q\phi_M$ で表す．半導体の場合も同様に，フェルミ準位から真空準位まで電子を励起するエネルギーを仕事関数 $q\phi_S$ と定義する．また，半導体の伝導帯の底にある電子を真空準位に励起するのに必要なエネルギーを**電子親和力**（electron affinity）$q\chi_S$ とよぶ．金属の場合には，電子親和力は仕事関数 $q\phi_M$ と等しくなる．

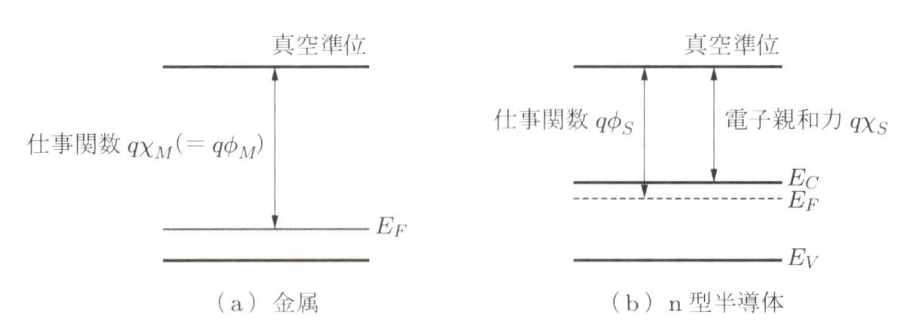

図 10.1　金属と n 型半導体の仕事関数と電子親和力

ここで，金属とn型半導体とを接触させた場合を考えよう．金属では，図10.1に示すように，半導体や絶縁体とは異なり，フェルミ準位はエネルギー帯のなかにあり，エネルギー帯の途中まで電子が詰まっている．そのため，半導体のように伝導帯に電子を励起することなく，ごくわずかなエネルギーを与えることで電気伝導を生じさせることができる．これらの金属と半導体とを接触させると，それぞれの仕事関数の大きさや，半導体の導電型によってさまざまな場合が生じる．

ここで，図10.1に示すように，仕事関数の間に $q\phi_M > q\phi_S$ の関係が成り立つような金属とn型半導体を考えよう．金属と半導体とを接触させると，接触後は両者のフェルミ準位が一致する．金属内には電界は生じないので，図10.2に示すように，金属－半導体界面の半導体側に，仕事関数差に相当するエネルギー帯の曲がりが生じる．この曲がりは，金属から半導体，もしくは半導体から金属へと移動する電子に対して障壁の役割を果たすことになる．金属から半導体へと移動する電子に対する障壁 $q\phi_B$ は，図10.2より，

$$q\phi_B = q\phi_M - q\chi_S = q\phi_D + (E_C - E_F) \tag{10.1}$$

となる．これを**ショットキー障壁**（Schottky barrier）とよぶ．一方，半導体から金属へ電子が移動するときの障壁 $q\phi_D$ は

$$q\phi_D = q\phi_M - q\phi_S \tag{10.2}$$

となる．半導体のときと同様に，この障壁を**拡散電位**とよぶ．

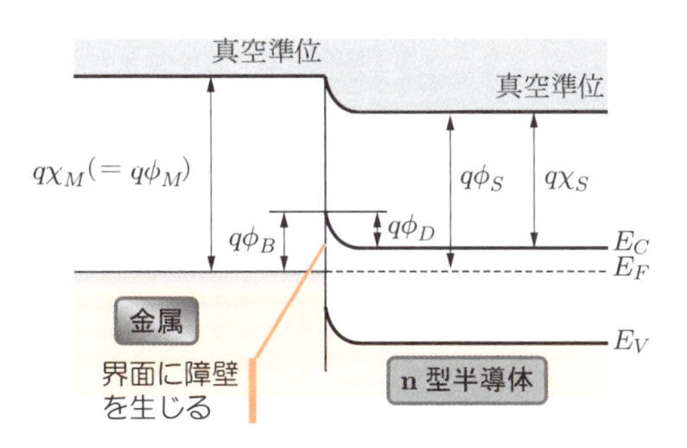

図10.2　金属－n型半導体接合のエネルギー帯図

熱平衡時には金属から半導体へ流れ込む電子数と，半導体から金属へ流れ込む電子数とが等しくなっている．金属から半導体へ電子が流れ込むためにはショットキー障壁 $q\phi_B$ を越えなければならないので，その電子はショットキー障壁よりも大きなエネルギーをもっていなければならない．金属中の電子で，そのようなエネルギーをもつ

電子の数は $\exp(-q\phi_B/kT)$ に比例するので，金属から半導体へ流れ込む電子，すなわち半導体から金属へ流れる電流は，比例定数を A として，

$$I_S = A\exp\left(-\frac{q\phi_B}{kT}\right) \tag{10.3}$$

と書ける．

逆に，半導体から金属に流れ込む電子数は，半導体の伝導帯にある電子が障壁 $q\phi_D$ を越える必要があるので $\exp(-q\phi_D/kT)$ に比例するが，ドナー中の電子のうち，半導体の伝導帯に励起されている電子数は $\exp\{-(E_C - E_F)/kT\}$ に比例する．したがって，半導体から金属に流れ込む電子による金属から半導体への電流はこれらの積で表すことができるので，係数を B として，

$$I_M = B\exp\left(-\frac{q\phi_D}{kT}\right)\exp\left(-\frac{E_C - E_F}{kT}\right) \tag{10.4}$$

となる．

熱平衡時には電流が流れないため，式 (10.3) と式 (10.4) が等しくなければならず，

$$\begin{aligned} I_S &= I_M \\ A\exp\left(-\frac{q\phi_B}{kT}\right) &= B\exp\left(-\frac{q\phi_D}{kT}\right)\exp\left(-\frac{E_C - E_F}{kT}\right) \end{aligned} \tag{10.5}$$

が成り立つ．式 (10.5) に式 (10.1) と式 (10.2) の関係を代入すると，

$$A\exp\left(-\frac{q\phi_B}{kT}\right) = B\exp\left(-\frac{q\phi_B}{kT}\right) \tag{10.6}$$

となる．これより，$A = B$ となることがわかる．

10.2 ショットキーダイオード

ショットキー接合に外部から電圧を印加すると，電圧の向きによって電流が流れやすい向きと流れにくい向きがあり，整流性を示すことがわかる．金属 - n 型半導体で構成される金属 - 半導体接合の金属に正，半導体に負の電圧を印加すると，図 10.3(a) に示すように，電子から見たときの金属側のエネルギーが低く，半導体側が高くなる．その結果，金属側の電子から見たときの障壁（ショットキー障壁）は変化しないが，半導体側の障壁 $q\phi_D$ が $q(\phi_D - V)$ へと小さくなる．半導体側の電子から見た障壁が低くなった結果，半導体から金属へ流れ込む電子が増加し，金属から半導体に大きな電

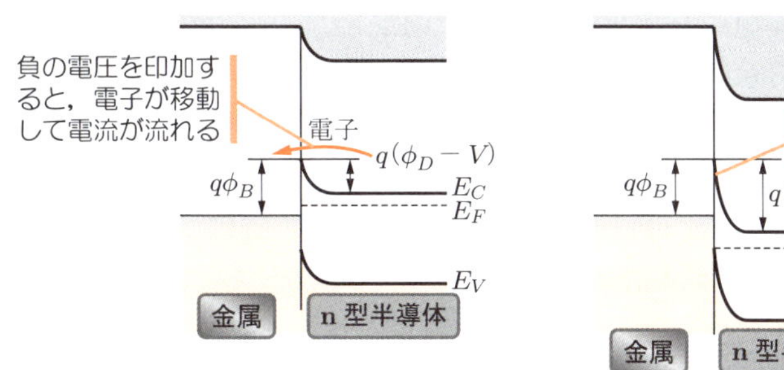

（a）金属が正，半導体が負のとき

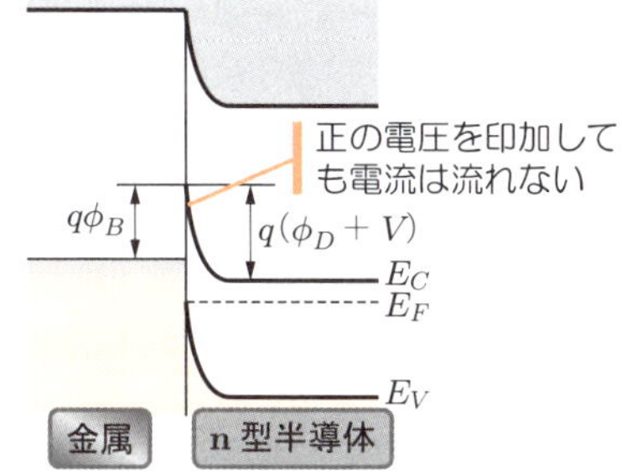

（b）金属が負，半導体が正のとき

図 10.3　ショットキーダイオードの整流特性

流が流れる．

逆に，金属が負，半導体が正になるように外部から電圧を印加すると，図 (b) に示すように，電子から見た金属のエネルギーが高くなり，半導体のエネルギーが低くなる．その結果，金属から半導体へ，また半導体から金属へと移動する両方の電子に対して大きな障壁が現れて，いずれの方向にもわずかな電流しか流れなくなる．

このように，金属から半導体には大きな電流が流れるが，逆には流れないことから，整流性をもつことがわかる．このように，金属 - 半導体接合に整流性をもたせた素子を**ショットキーダイオード**（Schottky diode），もしくは**ショットキーバリアダイオード**（SBD: Schottky birrier diode）とよんでいる．

p-n 接合ダイオードでは，それぞれの領域の多数キャリアである電子と正孔が，p-n 接合を横切って少数キャリアとして注入されることで動作をしていた．それに対して，ここで述べたショットキーダイオードでは，n 型半導体中の多数キャリアである電子のみが動作に関与している．このように，多数キャリアが動作に関与しているデバイスをとくに**多数キャリアデバイス**（majority carrier device）という．多数キャリアデバイスは，少数キャリアが動作に関与している**少数キャリアデバイス**（minority carrier device）に比べて，外乱に強く，動作速度が速いなどの特徴をもっている．このような特徴を活かして，ショットキーダイオードはマイクロ波の整流（検波）に用いられている．また，動作速度の大きさと相まって，金属の種類を選ぶことでダイオードの立ち上がり電圧を p-n 接合ダイオードよりも小さくすることも可能なため，IC の保護などにも用いられている．

p-n 接合と同様に，ショットキー接合でも接合容量が存在する．式 (8.42) より，p-n 接合の接合容量は印加電圧と，p 型のアクセプタ不純物密度 N_a と n 型のドナー不純物密度 N_d とに依存する．ここで，p-n 接合の接合容量が N_a と N_d の両方に依存するのは，空乏層がp型とn型の両方に広がることに起因している．ショットキー接合では，空乏層は金属には広がらず，半導体中にのみ広がる．したがって，n型半導体と金属とのショットキー接合の場合の空乏層幅 w は

$$w = \sqrt{\frac{2\varepsilon_0\varepsilon_s}{qN_\mathrm{d}}}\sqrt{V_d - V} \tag{10.7}$$

となる．このことを利用して，半導体表面にショットキー接合をつくって接合容量を測定することにより，半導体の不純物密度を求めることができる（p型のときは N_a，n型のときは N_d）．また，半導体結晶を角度を付けて研磨し，その上にショットキーダイオードの列をつくって深さ方向のキャリア密度分布を求めることなども広く行われている．

例題 10.1　n型半導体と金属のショットキー接合の場合の半導体の空乏層幅を表す式 (10.7) を導け．

解　ドナーによる空間電荷は半導体中にのみ存在するので，ドナー密度を N_d，半導体の誘電率を $\varepsilon_0\varepsilon_s$ としてポアソンの式をつくると，

$$\frac{d^2V(x)}{dx^2} = -\frac{qN_\mathrm{d}}{\varepsilon_0\varepsilon_s}$$

となる．この式を積分すると，つぎのようになる．

$$\frac{dV(x)}{dx} = -\frac{qN_\mathrm{d}}{\varepsilon_0\varepsilon_s}x + C_1$$

境界条件は $x = w$ において $dV(x)/dx = 0$ であるので，

$$C_1 = \frac{qN_\mathrm{d}}{\varepsilon_0\varepsilon_s}w$$

を代入して，さらに積分を実行すると，つぎのようになる．

$$V(x) = -\frac{qN_\mathrm{d}}{2\varepsilon_0\varepsilon_s}x^2 + \frac{qN_\mathrm{d}w}{\varepsilon_0\varepsilon_s}x + C_2$$

$x = 0$ において $V(x) = 0$ という境界条件により $C_2 = 0$ となるので，

$$V(x) = -\frac{qN_\mathrm{d}}{2\varepsilon_0\varepsilon_s}x^2 + \frac{qN_\mathrm{d}w}{\varepsilon_0\varepsilon_s}x$$

となり，空乏層幅 w は，$x = w$ において $V(w) = V_d - V$ を代入して，

$$V_d - V = -\frac{qN_\mathrm{d}}{2\varepsilon_0\varepsilon_s}w^2 + \frac{qN_\mathrm{d}w}{\varepsilon_0\varepsilon_s}w = \frac{qN_\mathrm{d}}{2\varepsilon_0\varepsilon_s}w^2$$

となる．これより，

$$w = \sqrt{\frac{2\varepsilon_0\varepsilon_s}{qN_\mathrm{d}}}\sqrt{V_d - V}$$

が得られる．

10.3 オーミック接合と電極

前節までは，金属の仕事関数 $q\phi_M$ が半導体の仕事関数 $q\phi_S$ よりも大きい場合について，n 型半導体と金属との接合を考えてきた．本節では，図 10.4 のように，金属の仕事関数が n 型半導体の仕事関数よりも小さい場合を考えよう．このような金属と半導体とを接触させると，金属から半導体に電子が移動し，図 10.5 に示すように，電子から見た半導体側のエネルギーが上昇するが，ショットキー接合の場合のような障壁は生じない．図 10.5 より，接触後に金属から n 型半導体へ電子が移動するときに必要なエネルギーは，$E_C - E_F$ となる．この値は室温での熱エネルギー程度なので，電子は金属から n 型半導体の伝導帯へ，また，n 型半導体の伝導帯から金属へと，自由に移動できることになる．このような接合は**オーミック接合**（Ohmic contact）とよばれ，整流性を示さないことから，半導体の電極として広く用いられている．

電極をつくるときには，図 10.4 のように，半導体よりも仕事関数の小さな金属を探す必要があるが，GaAs や GaP，AlGaAs など，エネルギーギャップの大きい**化合物半導体**（compound semiconductor）の場合には，そのような条件を満たす金属はほとんど存在しない．そのため，図 10.5 のようなオーミック接合は容易には実現できないことになる．それでは，そのようなデバイスの電極はどのようにしているのだろうか？

発光ダイオードや半導体レーザでは，エネルギーギャップの大きな材料に直接電極を形成せずに，その材料上にエネルギーギャップの小さな材料を作製し，その上に電極を形成することが多い．また，ショットキー接合となる組合せにおいて，金属と接

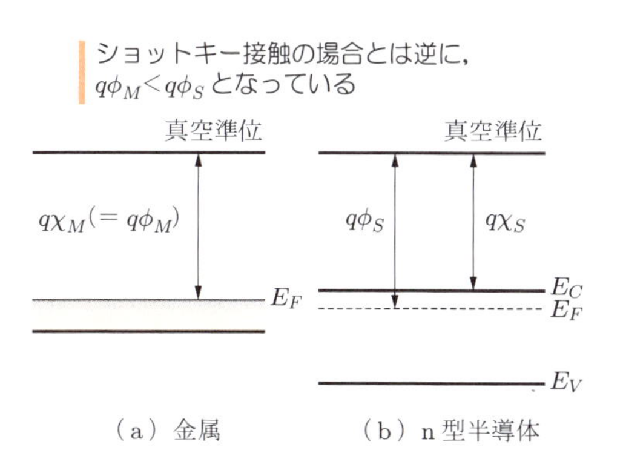

図 10.4　オーミック接合をつくる金属と半導体

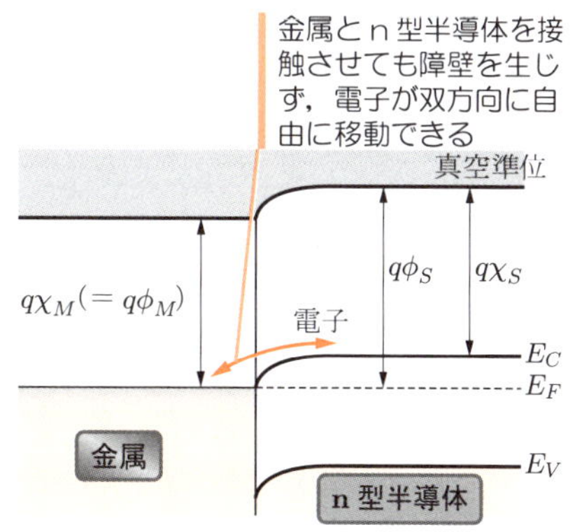

図 10.5　オーミック接合のエネルギー帯図

する半導体面の不純物密度を高くすることで，図 10.6 のように，電子に対する障壁をきわめて薄くして，電子を量子力学的トンネル効果でショットキー障壁を通過させて，オーミック接合と同様の電気的特性を得ることも行われている．

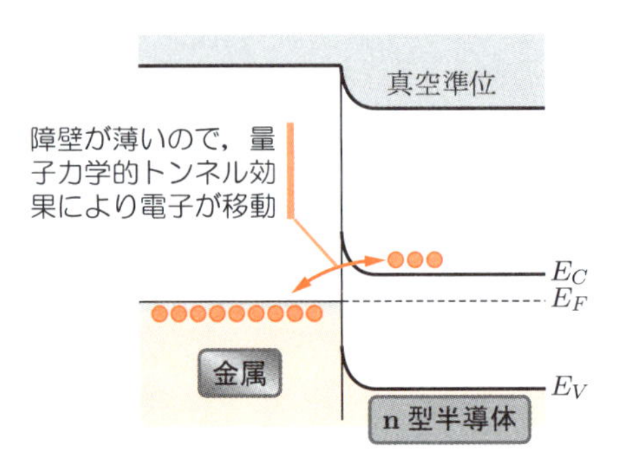

図 10.6　金属と不純物密度を高めた半導体接合

オーミック接合は半導体デバイスに欠かせないものである．そのため，良好なオーミック接合を実現するために，すべての半導体メーカーで精力的な研究が進められ，独自の技術を蓄積している．ところが，理論的な側面よりも実用面でのノウハウ的な要素が大きいために，大学や公的研究機関ではほとんど研究されておらず，既存の半導体関連の書籍で紹介されることも少ない．しかし，オーミック接合，そのなかでもとくに電極形成技術が半導体デバイスの開発において重要な要素の一つであることは論をまたない．

例題 10.2　n 型シリコン半導体に，ショットキー障壁の空乏層幅を 15 [Å] 程度にしてオーミック電極を形成したい．$V_d = 0.75$ [V] とするとき，必要なドナー不純物密度を求めよ．

解　例題 10.1 より，ショットキー障壁の n 型半導体側の空乏層幅は

$$w = \sqrt{\frac{2\varepsilon_0\varepsilon_s}{qN_\mathrm{d}}}\sqrt{V_d - V}$$

である．$V = 0$ として与えられた値を代入すると，

$$w = \sqrt{\frac{2\varepsilon_0\varepsilon_s}{qN_\mathrm{d}}}\sqrt{V_d}$$

$$N_\mathrm{d} = \frac{2\varepsilon_0\varepsilon_s}{qw^2}V_d = \frac{2 \times 8.854 \times 10^{-12} \times 12 \times 0.75}{1.6 \times 10^{-19} \times (15 \times 10^{-10})^2} = 4.4 \times 10^{26}\left[\mathrm{m}^{-3}\right]$$

となる．

このように，空乏層幅を小さくするためには，不純物密度を通常の添加量よりも格段に多くする必要があることに注意してほしい．

演習問題

[1] 式 (10.6) を導け.

[2] 電子密度 3×10^{19} [m^{-3}] の n 型シリコン半導体に直径 0.5 [mm] のアルミニウム電極によるショットキー接合をつくった. シリコンの比誘電率を 12, $V_d = 0.75$ [V] として, 無バイアス時の接合容量を求めよ.

[3] 金属と p 型半導体の接触の場合のショットキー接触, およびオーミック接触のエネルギー帯図を描け.

[4] 金属と n 型シリコン半導体を接触させ, 1.8 [V] の逆方向電圧を印加した. 空乏層幅と空乏層容量を求めよ. ただし, シリコンの比誘電率を 12, 電子密度を 10^{17} [cm^{-3}], 接触面積を 0.2 [mm^2], 拡散電位を 0.4 [V] とする.

第11章 金属 - 絶縁体 - 半導体構造

CPU をはじめ，パーソナルコンピュータに使われているほとんどのデバイスは，MOSFET とよばれる素子でできている．MOSFET は電界効果トランジスタの一種であり，バイポーラトランジスタとは異なる仕組みで動作するデバイスである．本章では，MOSFET の動作の基本となる金属 - 絶縁体 - 半導体構造を学ぼう．

11.1 理想 MIS 構造

金属 - 絶縁体 - 半導体（MIS: metal–insulator–semiconductor）**構造**の特性を理解するために，最初にそれぞれの仕事関数がすべて等しい，図 11.1 のようなバンド構造をもつ場合を考える．これらの金属，絶縁体，p 型半導体を接触させると，図 11.2 に示すようにフェルミ準位が等しくなると同時に真空準位も水平となる**フラットバンド**（flat band）構造となる．このように，仕事関数が等しい金属 - 絶縁体 - 半導体を接触させた構造を**理想 MIS 構造**（ideal MIS structure）とよぶ．

この理想 MIS 構造の金属 - 半導体間に電圧を印加した場合を考えよう．このとき，電圧の方向と大きさによって，つぎに述べる蓄積状態，空乏状態，反転状態の三つの状態が生じる．

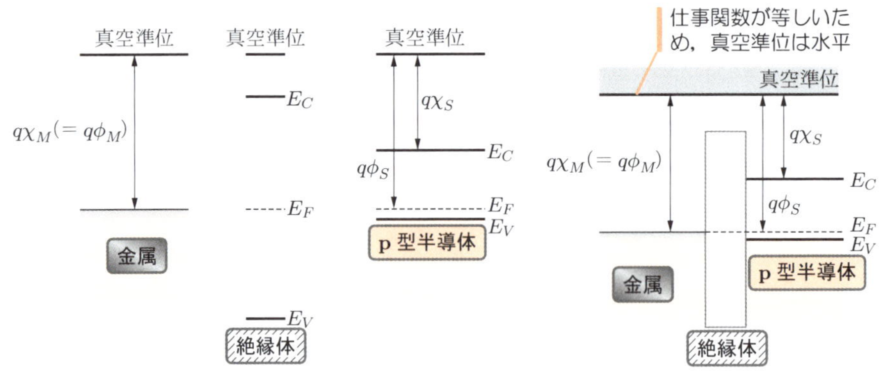

図 11.1　仕事関数の等しい金属 - 絶縁体 - p 型半導体のエネルギー帯構造

図 11.2　理想 MIS 構造

①蓄積状態

金属が負，p 型半導体が正になるように外部から電圧を印加すると，印加した電圧のほとんどが絶縁体と，半導体の絶縁体側界面付近にかかり，図 11.3(a) に示すように，絶縁体のエネルギー帯が大きく傾くとともに，半導体の絶縁体側界面付近のエネルギー帯が上方に曲がる．その結果，価電子帯の正孔が絶縁体 - 半導体界面の部分にたまってくる．この状態を正孔が蓄積するという意味で，**蓄積**（accumulation）状態という．

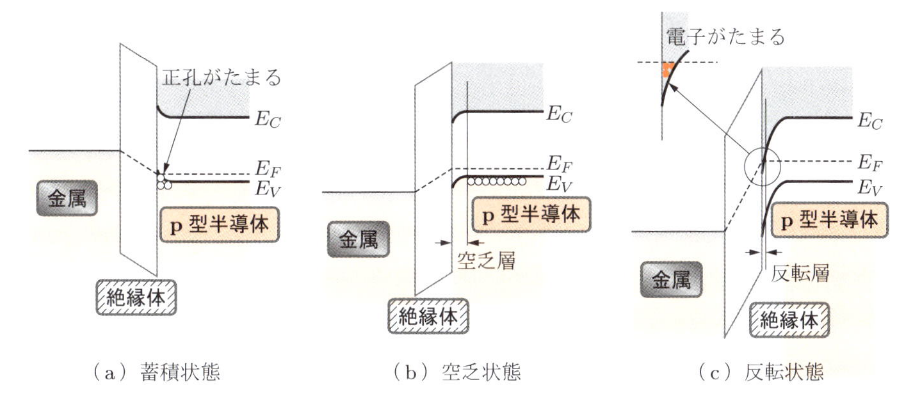

図 11.3　電圧を印加した MIS 構造

②空乏状態

蓄積状態とは逆に，金属が正，p 型半導体が負になるように外部から電圧を印加すると，半導体側のエネルギーが増加して，絶縁体のエネルギー帯は①の蓄積状態とは逆方向に傾く（図 11.3(b)）．そして，図に示すように，半導体の絶縁体側界面も蓄積状態とは逆に下向きに曲がる．その結果，半導体の絶縁体側界面付近の正孔は右側に移動し，半導体 - 絶縁体界面の半導体側にキャリアのない空乏層が生じる．この状態をキャリアがないという意味で，**空乏**（depletion）状態という．

③反転状態

②の空乏状態で，外部から印加する電圧をさらに高くしていくと，絶縁体のエネルギー帯の傾きと半導体の絶縁体側界面の曲がりが大きくなる．そして，図 11.3(c) に示すように，半導体の絶縁体側界面の伝導帯の曲がりが大きくなって，やがては伝導帯がフェルミ準位の下にまで下がることになる．絶縁体 - 半導体界面の伝導帯にエネルギーの低い部分が生じると，p 型半導体の伝導帯にわずかに存在する電子が絶縁体 - 半導体界面に集まってくる．p 型半導体の多数キャリアである価電子帯の正孔は，エネルギー帯の曲がりによって絶縁体 - 半導体界面から離れているので，絶縁体 - 半導

体界面に近い p 型半導体には少数キャリアである電子が多数存在し，多数キャリアである正孔がほとんど存在しないことになる．正孔よりも電子が多いことは n 型半導体の特徴であり，もともとの p 型半導体が n 型半導体になっていることを意味している．本来 p 型である半導体が n 型に反転していることから，この状態を**反転**（inversion）状態といい，n 型に反転した領域を**反転層**（inversion layer）という．MOSFET はこの反転層を利用したデバイスである．

11.2 反転状態の解析

MOSFET は MIS 構造の反転状態を電流の通路，**チャンネル**（channel）として利用しており，反転状態ができなければ MOSFET は動作しない．この反転状態を理解することは，MOSFET の動作を理解するうえでもっとも重要なことである．金属 - p 型半導体界面での反転状態のエネルギー帯図と電荷分布を図 11.4 に示す．p 型半導体の界面付近のバンドの曲がりを**表面電位**（surface potensial）とよび，通常 Φ_S で表す．また，p 型半導体の空乏層には，電子を引き受け，正孔を放出して負に帯電したアクセプタ不純物が存在している．その電荷を $-Q_\mathrm{a}$，反転層に集まった電子による電荷を $-Q_I$ とすると，これらの電荷の和 $-Q_S$ に等しい正電荷 Q_G がこれに対応する形で金属の絶縁体側の界面に現れる．式で表すと，つぎのようになる．

$$Q_G = Q_S = Q_I + Q_\mathrm{a} \tag{11.1}$$

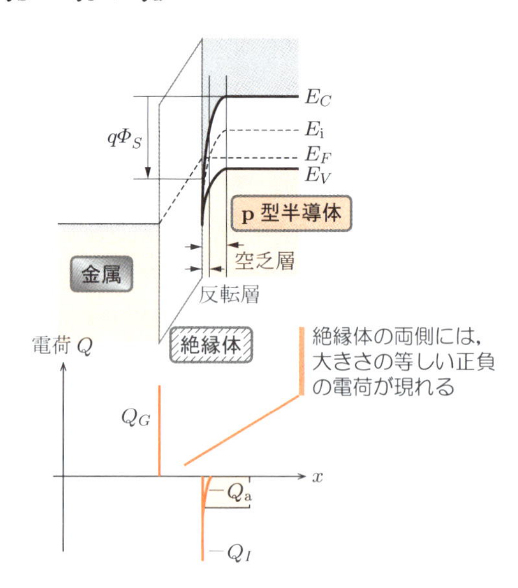

図 11.4　反転状態のエネルギー帯図と電荷

熱平衡時の半導体の電子密度と正孔密度は，式 (5.26) より，

$$n = n_\mathrm{i} \exp\left(\frac{E_F - E_\mathrm{i}}{kT}\right) \tag{11.2a}$$

$$p = n_\mathrm{i} \exp\left(-\frac{E_F - E_\mathrm{i}}{kT}\right) \tag{11.2b}$$

と書ける．ここで，E_i はほぼ禁制帯の中央に位置する真性半導体のフェルミ準位である．図 11.4 に示すエネルギー帯図では，反転層の部分では $E_F > E_\mathrm{i}$ で電子が正孔より多く，$n > p$ となって n 型に反転している．また，図に示すように，反転層領域で伝導帯の底のエネルギー E_C がフェルミ準位 E_F よりも下になると，反転層の電子密度はもとの p 型半導体の正孔密度に匹敵するくらいに高くなる．そのための条件は，真性半導体と p 型半導体とのフェルミ準位の差を $q\Phi_f = E_\mathrm{i} - E_F$ とすると，

$$\Phi_S = 2\Phi_f \tag{11.3}$$

となる．式 (11.3) が成り立つ反転状態を**強い反転**（strong inversion）という．また，$\Phi_S < 2\Phi_f$ を**弱い反転**（weak inversion）とよぶ．

例題 11.1　式 (11.3) が強い反転が生じる条件を表していることを示せ．

解　強い反転状態では，反転層のキャリア密度がもとの半導体のキャリア密度と同程度になっている．もとの半導体の正孔密度は，式 (5.26b) に $q\Phi_f = E_\mathrm{i} - E_F$ の関係を代入して，

$$p = n_\mathrm{i} \exp\left(-\frac{E_F - E_\mathrm{i}}{kT}\right) = n_\mathrm{i} \exp\left(\frac{q\Phi_f}{kT}\right)$$

と求められる．また，反転層の電子密度は式 (5.26a) より，

$$n = n_\mathrm{i} \exp\left(\frac{E_F - E_\mathrm{i}}{kT}\right)$$

となり，この電子密度が正孔密度と等しくなるためには，$E_F - E_\mathrm{i} = q\Phi_f$ でなければならない．そのため，全体のエネルギー帯の曲がりを示す Φ_S は $\Phi_S = 2\Phi_f$ でなければならない．この関係を図 11.5 に示す．

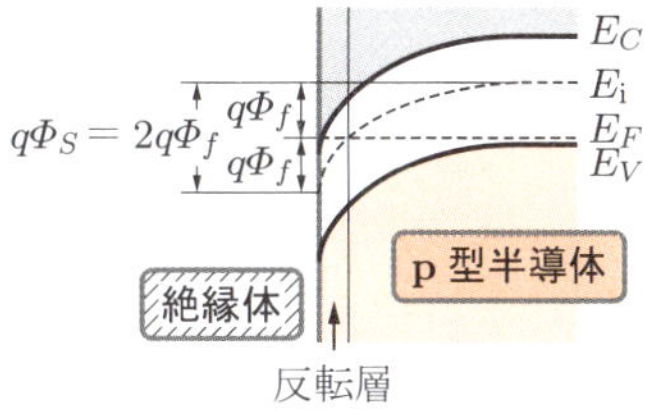

図 11.5　p 型半導体の絶縁体近傍

11.3　MIS 構造に蓄えられる電荷

半導体側の電位を基準として，MIS 構造全体に印加されている電圧を V_G で表すと，この電圧は絶縁体と半導体の表面電位の両方に分配される．絶縁体にかかる電圧

を V_{OX} とすると,

$$V_G = V_{OX} + \Phi_S \tag{11.4}$$

となる．金属中には電界も電位差も存在しないため，MIS 構造の電位分布は図 11.6 のように表すことができる．

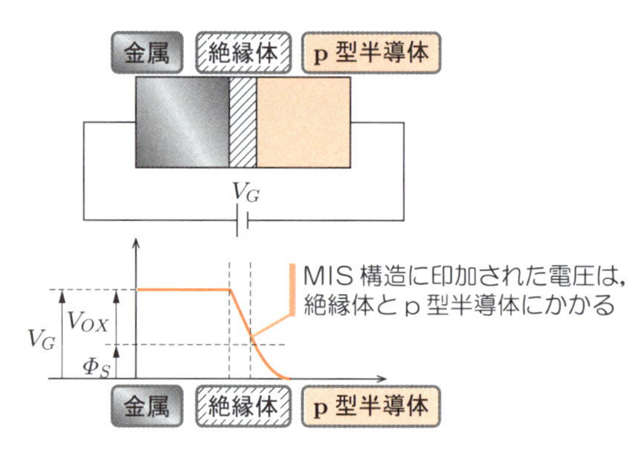

図 11.6　MIS 構造の電位分布

MIS 構造全体の静電容量は，絶縁体の容量と空乏層の容量の直列接続になる．絶縁体の単位面積あたりの静電容量 C_{OX} は，絶縁体の厚さを t_{OX}，絶縁体の誘電率を ε_{OX} とすると，平行平板コンデンサの静電容量と同様に，

$$C_{OX} = \frac{\varepsilon_{OX}}{t_{OX}} \tag{11.5}$$

と表される．図 11.4 より，絶縁体の両側には $+Q_G$ および $-Q_S$ の量の電荷が蓄えられているので，コンデンサの電荷 Q と電圧 V との間に $V = Q/C$ の関係があることを考慮すると，V_G は

$$V_G = V_{OX} + \Phi_S = \frac{Q_G}{C_{OX}} + \Phi_S = \frac{Q_S}{C_{OX}} + \Phi_S \tag{11.6}$$

となる．ここで，強い反転状態が生じる電圧を V_{th} とすると，強い反転が生じる条件が $\Phi_S = 2\Phi_f$ であり，強い反転が生じるまでは反転層の電子の電荷が $Q_I \cong 0$ であることを考慮すると，

$$V_G = \frac{Q_{\mathrm{a}}}{C_{OX}} + 2\Phi_f \equiv V_{th} \tag{11.7}$$

となる．MIS 構造にこの電圧より大きい電圧を印加すると，半導体に強い反転が生じる．この電圧 V_{th} を**閾値電圧**（threshold voltage）とよぶ．

式 (11.6) より，$Q_S = C_{OX}(V_G - \Phi_S)$，また，式 (11.7) より，$Q_a = C_{OX}(V_{th} - 2\Phi_f)$ となるので，これらを式 (11.1) に代入すると，強い反転状態が生じているときの反転層の電子による電荷 Q_I がつぎのように求められる．

$$Q_I = C_{OX}(V_G - V_{th}) \tag{11.8}$$

これより，強い反転が生じた後は，Q_I は $V_G - V_{th}$ に比例して大きくなることがわかる．強い反転が生じるまでは反転電荷 Q_I はほぼゼロと考えられるので，V_G を変化させたときの Q_I の変化は，図 11.7 のように描くことができ，V_G が V_{th} を超えると反転層の電子が急激に増加することがわかる．

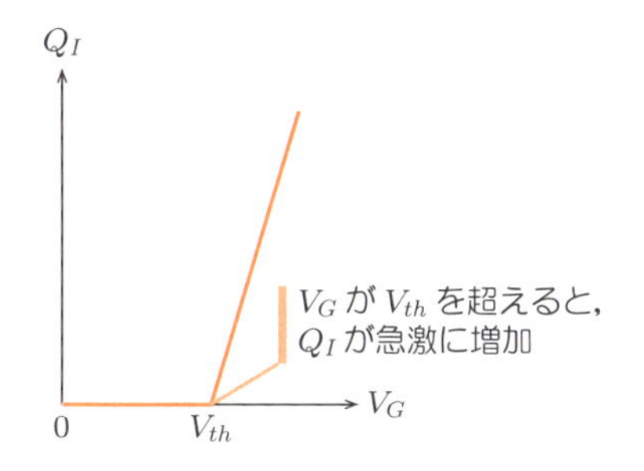

図 11.7　V_G による Q_I の変化

プラス α　フラットバンド電圧

理想 MIS 構造では，金属，絶縁体，半導体の仕事関数が等しいと仮定したため，接触後にエネルギー帯の曲がりは生じなかった．しかし，実際の金属 - 絶縁体 - 半導体接触では，それぞれの仕事関数の値が異なるため，エネルギー帯が曲がって金属と半導体の間に電位差が発生する．この電位差に等しい大きさで逆向きの電圧を印加すると，エネルギー帯の曲がりがなくなりフラットバンドになる．この電圧を**フラットバンド電圧**（flat band voltage）という．また，エネルギー帯を曲げる原因は，仕事関数差だけではなく，絶縁体中の電荷や界面に存在するイオン化した不純物など，さまざまなものがある．

演習問題

[1]　反転層をつくるキャリアの起源は何かを答えよ．

[2]　フラットバンド電圧を印加して真空準位を平坦にした MIS 構造のエネルギー帯図を描け．

第12章 MOSFET

MIS 構造の絶縁体層として最も多く使われているのが，シリコン（ケイ素）の酸化物である二酸化ケイ素（SiO_2）である．電気炉でシリコンを酸化するだけで表面に形成することができるうえ，絶縁性能も良好なため，この SiO_2 の存在が MIS 構造を用いたデバイスの実用化と普及の大きなポイントであった．本章では，絶縁体として酸化物を用いた MIS 構造をもつデバイスについて学ぼう．

12.1 MOSFET の構造

絶縁体に SiO_2 を用いた MIS 構造を **MOS**（metal oxide semiconductor）構造と称し，MOS 構造を用いたトランジスタを **MOSFET**（metal oxide semiconductor field effect transistor）とよんでいる．MOSFET はバイポーラトランジスタの発明から 13 年経った 1960 年に，ベル研究所のカーン（Dawon Kahng: 1931–1992）とアタラ（Martin Atalla: 1924–2009）によって開発された．

バイポーラトランジスタが結晶内部につくられた接合を利用するのに対して，MOSFET では半導体表面に形成した酸化膜を利用することもあり，表面処理法の確立など，量産に至るまで多くの解決すべき問題を抱えていた．これらの問題が多くの研究

コーヒーブレイク◯ FET の提案と酸化膜の発見

入力電圧によって出力電流を制御する**電界効果トランジスタ**（field effect transistor: FET）の歴史は古く，その原理は 1930 年頃にはすでに提案されていた．しかし，半導体表面に良質の絶縁膜をつくる技術がなく，バイポーラトランジスタの実現により FET は消え去ったかに思われた．半導体の主流が Ge から Si へと代わり，Si 表面にきわめて安定な酸化膜ができることがわかると，MOSFET は急速な発展を遂げることになる．

リンゴが木から落ちることから始まったニュートンの万有引力の法則の発見に代表されるように，それまでは先に実験や現象があり，それらが後に理論で説明されるケースがほとんどであったのに対し，FET では理論的な予測が先で，技術が後から付いてきたことになる．コンピュータが進歩した今日では，理論的な予測が先になることは珍しくないが，当時としては画期的なことであった．

者の努力で解決されると，素子そのものの優れた特性と，構造が簡単で集積化に向いていることから，今日の集積回路の中心的素子として広く用いられるようになった．

図 12.1 に，n チャンネル MOSFET の構造と断面の模式図を示す．n チャンネル MOSFET は，p 型半導体基板上に n 型の導電型をもつ二つの拡散層を形成し，拡散層と拡散層との間に MOS 構造を形成したものである．n チャンネル MOSFET では，通常はこの二つの n 型拡散層の間は n-p-n 構造となっており，どちらの方向に電圧を印加しても，逆方向バイアスとなる p-n 接合が存在するため，電流を通さない．

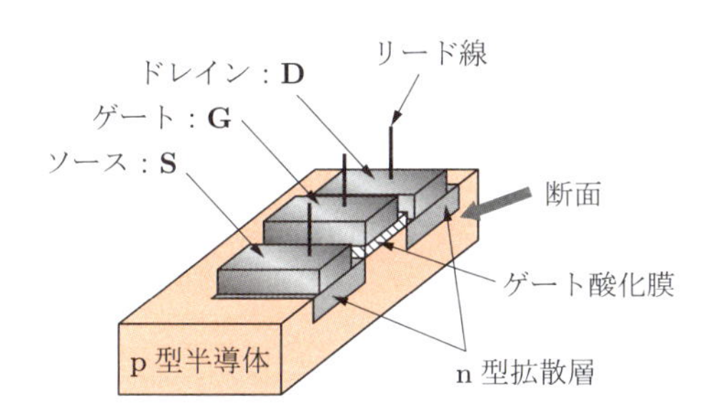

図 12.1 MOSFET の構造と断面（n チャンネル MOSFET）

しかし，二つの n 型拡散層の間に形成された MOS 構造の電極に正の電圧を印加し，MOS 構造の p 型半導体の酸化膜側の界面を反転状態にして絶縁体 - 半導体界面に n 型の反転層を形成すると，n 型半導体の二つの n 型拡散層の間は n-n-n となり，通常の導線と同様になって電流が流れる．このように，ゲート電極に電圧を印加して，それまで絶縁状態であった MOSFET の二つの n 型拡散層の間を導通させる．これが MOSFET の動作の基本となる．記号 G で表した MOS 構造の電極は，電圧を印加することによって MOSFET を電流の流れない状態（OFF）から流れる状態（ON）に変化させることができるため，**ゲート**（gate）電極とよばれる．二つの n 型拡散層のうち，電流が入るほうを，電流を供給するという意味で**ソース**（source）とよび，記号 S で表す．また，出て行くほうを排水という意味で**ドレイン**（drain）とよび，記号 D で表す．そして，MOS 構造のゲート電極の下に形成されている酸化膜を**ゲート酸化膜**（gate oxide）とよぶ．MOSFET で反転層の導電型が n 型の場合を **n チャンネル MOSFET**（n-channel MOSFET），逆に，p 型の場合を **p チャンネル MOSFET**（p-channel MOSFET）とよぶ．

12.2 MOSFET の動作

図 12.2 は，n チャンネル MOSFET の断面を横から見たところを示している．ソー

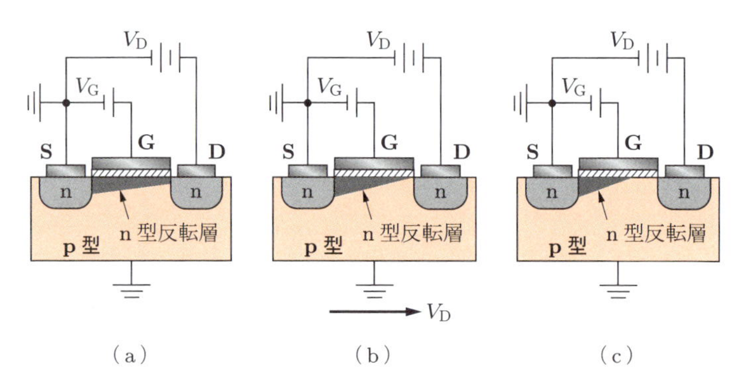

図 12.2　MOSFET の動作

ス - ドレイン間には，ドレインが正になるようにドレイン電圧 V_D を印加している．また，ゲートには n 型反転層が生じるように，ゲート電極に正のゲート電圧 V_G が印加されている．通常は，p 型基板とソース電極は接地して使用する．

図 12.2(a) の状態では，n 型反転層がソースの n 型層とドレインの n 型層にまたがって生じているので n-n-n となり，V_D によってソース - ドレイン間の回路に電流が流れる．ここで，反転層の厚さがソース側で厚くドレイン側で薄くなっているのは，MIS 構造に実際に加わる電圧が一定値ではなく，ゲートのソースに近い部分には V_G がそのまま加わるが，ドレインに近い部分にはゲート電圧からドレイン電圧を減じた $V_G - V_D$ が加わるためである．その結果，実質的なゲート電圧はソース側で大きく，ドレイン側で小さくなるため，反転層の厚さもソース側で大きくドレイン側で小さくなる．ここで，V_G を一定に保ったまま V_D を大きくしていくと徐々に反転層が薄くなり，ついには図 (b) で示すように，ドレイン側で反転層の厚さがゼロとなって途切れてしまう．この状態を**ピンチオフ**（pinch-off）といい，このときのドレイン電圧 V_D を**ピンチオフ電圧**（pinch-off voltage）V_P という．ドレイン電圧 V_D をさらに大きくすると，反転層の途切れが大きくなり，チャンネルも途切れてしまう．このときのドレイン電圧 V_D - ドレイン電流 I_D の関係を図 12.3 に示す．最初は V_D が大きくなると I_D も増加するが，その増加率は反転層が薄くなることにより減少する．V_D がさらに増加すると，やがてピンチオフが生じてチャンネルが途切れ，ドレイン電流 I_D はそれ以上増加せずに一定値となる．

図 12.3 の V_D - I_D 特性で，ゼロからピンチオフまでの間は I_D が V_D とともに増加しているので，この領域を**線形領域**（linear region）という．また，ピンチオフを超えると，V_D が増加しても I_D はほぼ一定値となって飽和するので，この領域を**飽和領域**（saturation region）とよぶ．加えて，ドレイン電圧 V_D を一定に保ってゲート電圧 V_G を変化させると，ドレイン電流 I_D が大きく変化することになる．これらのことか

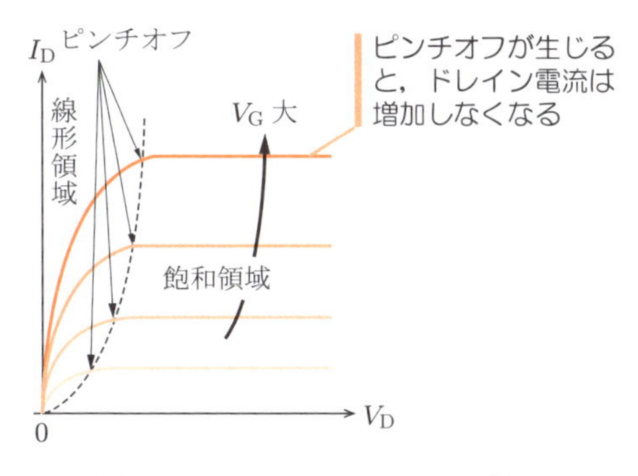

図 12.3 MOSFET の V_D–I_D 特性

ら，MOSFET はゲート電圧でドレイン電流を制御できることがわかる．さらに，入力となるゲート電圧を印加するゲート電極は絶縁体の上に形成されているため，ゲートには電流がほとんど流れないこともわかる．これらのことから，MOSFET の入力側はほとんど電力を消費しないこと，入力電圧を加えても電流が流れないので入力インピーダンスがきわめて高いことなど，MOSFET の基本的な特徴が理解できる．

プラス α ピンチオフと飽和電流

ピンチオフが生じると反転層が途切れるので，一見電流が流れなくなってしまうように思われる．しかし，実際には電流が流れ続ける．なぜだろうか？ 反転層の外側には図 11.4 に示したような空乏層が広がり，そこにはドレイン電圧による大きな電界がかかっている．ソースから供給され，反転層内をピンチオフ点まできた電子は，この強い電界によって空乏層内をドレインに向かって進み，電流は流れ続ける．しかし，この空乏層は抵抗が大きいので，ドレイン電圧をピンチオフ電圧以上に大きくしても，その電圧のほとんどが空乏層にかかってしまい，反転層内の電子を増やすことには使われない．そのため，ピンチオフが生じると，それ以上ドレイン電圧を大きくしてもドレイン電流は一定値となり，飽和しているように振る舞う．

12.3 MOSFET の特性解析

MOSFET の特性をもう少し正確に把握するために，MOSFET の構造を単純化した図 12.4 のようなモデルを考えよう．チャンネルのソース側を x 座標の 0 とし，ドレイン端を L とする．また，半導体表面から内部（図では下向き）に向けて y 座標をとる．I_D が V_D の増加とともに増加する線形領域においては，ソースから V_G によってつくられた n 型反転層でできたチャンネル内に供給された電子は，V_D による x 方向の電界によって加速され，ドレイン方向に向かってチャンネル内を進むことになる．

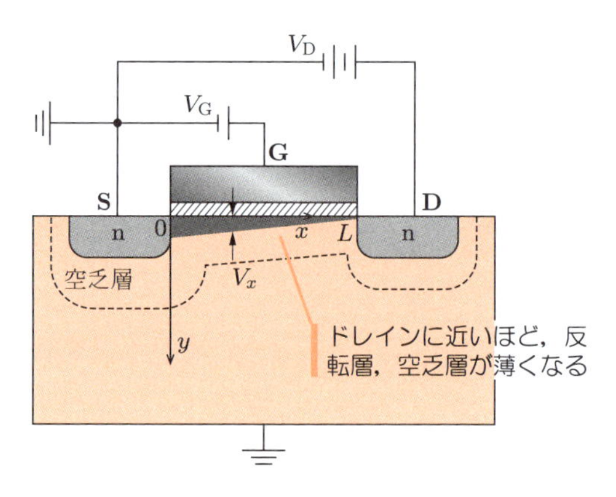

図 12.4 MOSFET の解析用モデル

反転層の x 方向で，座標が 0 のソース端では電圧が 0，座標が L のドレイン端では V_D の電圧が印加されている．そのため，ゲート酸化膜に沿って V_D が分圧され，x 座標の増加によって直線的に増加する電圧 V_x が，ゲート電圧 V_G を減らす方向に加わる．したがって，MIS 構造にかかっている正味の電圧は V_G ではなく $V_\mathrm{G} - V_x$ となり，V_x が大きくなるドレイン側に近づくほど，反転層および空乏層が薄くなっている．

反転層に誘起される電荷 Q_I は，式 (11.8) の V_G を $V_\mathrm{G} - V_x$ に置き換えて，

$$Q_I = C_{OX}\left(V_\mathrm{G} - V_x - V_{th}\right) \tag{12.1}$$

となる．このとき，チャンネルに流れるドレイン電流 I_D は反転層の電荷 Q_I と移動度と電界の大きさ，それにチャンネル幅 W の積で求められる．

$$I_\mathrm{D} = -Q_I \mu_\mathrm{n} E_x W \tag{12.2}$$

ここで，E_x はチャンネルの x 方向の電界であり，

$$E_x = -\frac{dV_x}{dx} \tag{12.3}$$

で定義される．

式 (12.2) に式 (12.1), (12.3) を代入すると，

$$I_\mathrm{D} dx = \mu_\mathrm{n} C_{OX} W \left(V_\mathrm{G} - V_x - V_{th}\right) dV_x \tag{12.4}$$

という関係が得られる．式 (12.4) の両辺をソース端からドレイン端まで，すなわち $0 \leq x \leq L$，$0 \leq V_x \leq V_\mathrm{D}$ の範囲でつぎのように積分する．

$$\int_0^L I_\mathrm{D} dx = \int_0^{V_\mathrm{D}} \mu_\mathrm{n} C_{OX} W \left(V_\mathrm{G} - V_x - V_{th}\right) dV_x \tag{12.5}$$

これより，

$$I_{\mathrm{D}} = \mu_{\mathrm{n}} C_{OX} \frac{W}{L} \left\{ (V_{\mathrm{G}} - V_{th}) V_{\mathrm{D}} - \frac{1}{2} V_{\mathrm{D}}^2 \right\} \tag{12.6}$$

となり，線形領域のドレイン電流 I_{D} が得られる．式 (12.6) より，図 12.5 に示すように，線形領域では I_{D} は V_{D} の 2 次関数で変化することがわかる．

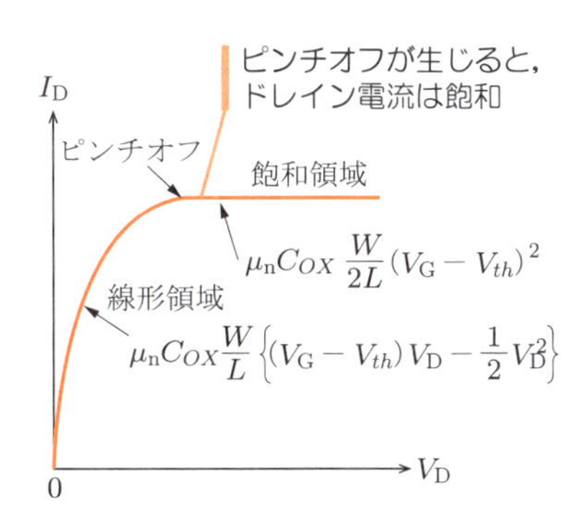

図 12.5 MOSFET における I_{D} の V_{D} 依存性

ピンチオフが生じるとドレイン端で反転層が途切れ，チャンネルに直列に，高抵抗である空乏層が入ることになる．さらに V_{D} を増加すると，図 12.2(c) のように反転層の途切れる部分がソース側に移動して高抵抗領域が広がる．その結果，回路に高抵抗が加わるため，ドレイン電流が一定値となって飽和領域となる．飽和領域が生じるのはチャンネルが途切れるときであり，式 (12.1) において $V_x = V_{\mathrm{G}}$ となり，さらに $-Q_I = 0$ になるときである．この条件より，$V_{\mathrm{D}} = V_{\mathrm{G}} - V_{th}$ となり，この関係を式 (12.6) に代入すると，

$$I_{\mathrm{D}} = \mu_{\mathrm{n}} C_{OX} \frac{W}{2L} (V_{\mathrm{G}} - V_{th})^2 \tag{12.7}$$

となり，飽和領域でのドレイン電流が得られる．この式より，飽和領域でのドレイン電流は V_{G} および V_{th} によって決まり，V_{D} の値には依存しないことがわかる．

通常，MOSFET は飽和領域で動作させ，入力をゲート電圧 V_{G} で与え，出力をドレイン電流 I_{D} で得る．そのため，MOSFET の増幅率は出力 I_{D} を入力 V_{G} で割った値となり，コンダクタンスの次元をもつ．出力を入力で割っているため，MOSFET の増幅率を**相互コンダクタンス**（mutual conductance）とよぶ．式 (12.7) より，相互コンダクタンス g_m はつぎのようになる．

$$g_m = \left. \frac{dI_{\mathrm{D}}}{dV_{\mathrm{G}}} \right|_{V_{\mathrm{D}}=\text{一定}} = \mu_{\mathrm{n}} C_{OX} \frac{W}{L} (V_{\mathrm{G}} - V_{th}) \tag{12.8}$$

例題 12.1　式 (12.5) の積分を実行せよ．

解

$$
\begin{aligned}
\int_0^L I_\mathrm{D} dx &= \int_0^{V_\mathrm{D}} \mu_\mathrm{n} C_{OX} W (V_\mathrm{G} - V_x - V_{th}) dV_x \\
I_\mathrm{D} L &= \mu_\mathrm{n} C_{OX} W \int_0^{V_\mathrm{D}} (V_\mathrm{G} - V_x - V_{th}) dV_x \\
&= \mu_\mathrm{n} C_{OX} W \left\{ \int_0^{V_\mathrm{D}} V_\mathrm{G} dV_x + \int_0^{V_\mathrm{D}} (-V_x) dV_x + \int_0^{V_\mathrm{D}} (-V_{th}) dV_x \right\} \\
&= \mu_\mathrm{n} C_{OX} W \left\{ V_\mathrm{G} V_\mathrm{D} + \int_0^{V_\mathrm{D}} (-V_x) dV_x - V_{th} V_\mathrm{D} \right\} \\
&= \mu_\mathrm{n} C_{OX} W \left(V_\mathrm{G} V_\mathrm{D} - V_{th} V_\mathrm{D} - \left[\frac{1}{2} V_x^2 \right]_0^{V_\mathrm{D}} \right) \\
&= \mu_\mathrm{n} C_{OX} W \left(V_\mathrm{G} V_\mathrm{D} - V_{th} V_\mathrm{D} - \frac{1}{2} V_\mathrm{D}^2 \right) \\
I_\mathrm{D} &= \mu_\mathrm{n} C_{OX} \frac{W}{L} \left\{ (V_\mathrm{G} - V_{th}) V_\mathrm{D} - \frac{1}{2} V_\mathrm{D}^2 \right\}
\end{aligned}
$$

12.4　MOSFETの種類と記号

これまでは，使用されることの多いnチャンネルMOSFETを例に説明してきた．これまで説明したMOSFETは，ゲートに電圧を印加しない状態では反転層のチャンネルが形成されず，ソース - ドレイン間は導通がない，すなわちOFFとなり，ゲート電圧の印加によって反転層による電流の流れるチャンネルが形成される．このように，ゲートに電圧を印加してONにするMOSFETを**エンハンスメント型**（enhancement type）もしくは**ノーマリーオフ型**（normally off type）とよぶ．これとは逆に，ゲート電圧を印加しない状態ですでに反転層によるチャンネルが形成されているものを**デ**

（a）nチャンネルエンハンスメント型　（b）nチャンネルデプレッション型

（c）pチャンネルエンハンスメント型　（d）pチャンネルデプレッション型

図 12.6　MOSFETの種類と記号

プレッション型（depletion type）もしくは**ノーマリーオン型**（normally on type）とよぶ．このそれぞれに p チャンネルの MOSFET があり，全部で 4 種類の MOSFET が存在することになる．それらを回路記号とともに図 12.6 に示す．

12.5 MOS キャパシタの特性

MOS 構造の静電容量を **MOS キャパシタ**（MOS capacitor）とよび，この MOS キャパシタの振舞いを理解することは，MOSFET の特性を理解するうえできわめて大切である．種々の MOSFET 専用の静電容量測定器も市販されることからもわかるように，MOS キャパシタの測定は MOSFET の特性測定のもっとも基本的なものであり，その測定は，現在でも開発現場や生産現場で広く行われている．

金属 - 絶縁体 - p 型半導体の MOS 構造の金属側に負の電圧を印加して MOS 構造を蓄積状態にすると，静電容量は単純に絶縁体でのみ発生するので，その値は平行平板コンデンサの静電容量と同様に式 (11.5) で与えられ，

$$C_{OX} = \frac{\varepsilon_{OX}}{t_{OX}} \tag{12.9}$$

となる．逆に，金属に正の電圧を印加して MOS 構造を空乏状態にすると，図 12.7 のように半導体中に空乏層が現れ，絶縁体による静電容量に空乏層による静電容量 C_d が直列に挿入されることになる．この空乏層による静電容量の値は，空乏層の厚さを t_d とすると，式 (8.42) より，

$$C_d = \frac{\varepsilon_s}{t_d} \tag{12.10}$$

となる．これらが直列に接続されるので，空乏状態の MOS キャパシタの静電容量は，式 (12.9), (12.10) より

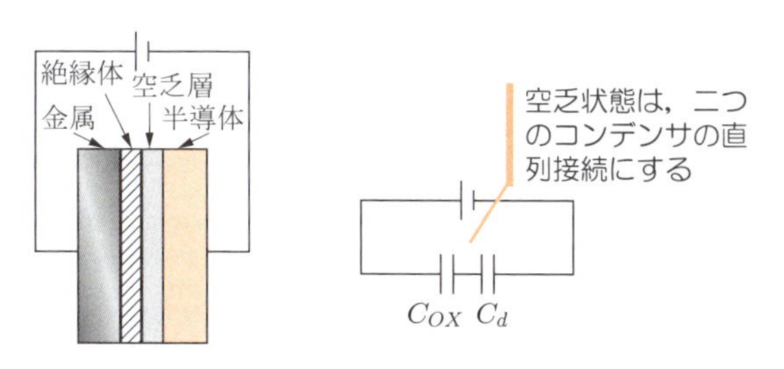

図 12.7　空乏状態の MOS キャパシタ

$$C = \frac{C_{OX}C_d}{C_{OX} + C_d} \tag{12.11}$$

となる．金属に印加する電圧が閾値電圧 V_{th} を超えると半導体に反転層が生じ，半導体の絶縁体側の界面に電子が多数存在するようになる．金属の絶縁体側に誘起された電荷からの電気力線のうち，V_{th} を超えて生じた分はすべて反転層内の電子で終端するようになるので，MOS キャパシタの静電容量は再び絶縁体によるもののみとなり，

$$C = C_{OX} = \frac{\varepsilon_{OX}}{t_{OX}} \tag{12.12}$$

となる．

ここで，反転状態をつくるためには，半導体中に分布するわずかな少数キャリアを集めてくる必要があるので，金属に閾値電圧以上の電圧を印加してから反転層ができるまで多少の時間遅れが生じる．そのため，低周波で反転状態の MOS キャパシタの静電容量を測定すると，反転層が生じて式 (12.12) の値になるが，高周波領域で測定すると反転層が生じないので，図 12.8 に示すように，空乏状態の値のままとなる．

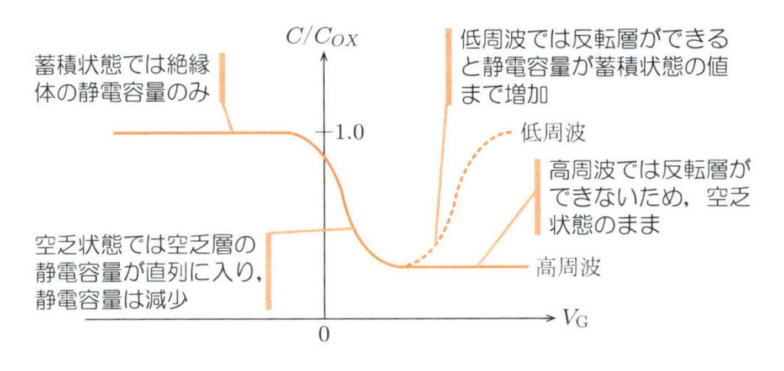

図 12.8　MOS キャパシタの静電容量の変化

演習問題

[1] n チャンネル MOSFET と p チャンネル MOSFET とでは，特性がどのように異なるかを説明せよ．

[2] p 型シリコン半導体を用いた MOS 構造において，酸化膜厚が 0.15 [μm]，酸化膜の比誘電率を 3.8 として，単位面積あたりの酸化膜の静電容量を求めよ．

[3] ゲート酸化膜の厚さが増加すると，MOSFET の特性はどのように変化するかを説明せよ．

第13章 集積回路

多くの半導体素子や回路素子を同一の基板上に分離できない状態で一体化したものを**集積回路**（IC: integarated circuit）という．集積回路には，単一の半導体基板上に形成したモノリシック集積回路と，配線パターン印刷した基板に半導体素子や回路素子を配置した**ハイブリッド集積回路**（hybrid IC）とがある．電源回路やオーディオ増幅器，モータの制御回路などの大電力を扱う回路には，ハイブリッド集積回路も広く用いられているが，本章ではコンピュータなどの電子機器に広く用いられているモノリシック集積回路について，その構造，特徴，製法などを理解しよう．

13.1 モノリシック集積回路の概要

モノリシック集積回路（monolithic IC）は，テキサスインスツルメンツ社のジャック・キルビー（Jack St. Clair Kilby: 1923–2005）とフェアチャイルド社のロバート・ノイス（Robert Norton Noyce: 1927–1990）によって，1960年前後に発明された．

コーヒーブレイク◯ 集積回路とインターネット

集積回路はMOSFETと抵抗やコンデンサなどの回路素子をシリコン基板上に一体化したものであり，とくに新しい動作や原理をもつ素子ではない．しかし，集積回路は以下のような大きな利点をもっている．

- 外部での素子間の接合箇所が減り，信頼性が格段に向上する．これは，電子回路をつくったときの動作不良のほとんどが，接合部のハンダ付け不良であることからもわかる．
- 接続箇所の減少は部品点数の減少につながり，製品の組立て作業の大幅な簡略化が可能となる．その結果，製品価格を低く抑えられる．
- 電子回路の小型化が可能になり，動作速度，消費電力の大幅な改善が可能となる．

そして，大量の半導体素子の集積化が実現すると，CPUに代表されるような，それまで想像もできなかった複雑な動きをする集積回路が実現できるようになった．このように，新しい原理ではないが，既存のものを多数結合することで，まったく新しい利点を創造できるという点では，世界中のコンピュータをつなぐことで，ビジネスや報道など，世界中の人々の暮らしを劇的に変化させたインターネットととてもよく似ており，大変興味深い．

当初は数個の半導体素子と回路素子を集積化したものであったが，その後の半導体プロセス技術の進歩に伴い，回路の微細化や素子数の増加が進んでICからLSI（large scale IC）へと大規模化し，現在では1億個以上の素子を集積した超LSI（VLSI: very large scale ICやULSI: ultra large scale IC）も出現している．

最初に実用化された集積回路はバイポーラトランジスタを集積化したものであったが，その後，MOSFETを用いた集積回路が広く使われるようになった．バイポーラトランジスタが電流駆動型の素子であるのに対し，MOSFETは電圧駆動型素子であるというように，両者は電気的な特性が大きく異なる．また，集積化の面からみると，バイポーラトランジスタを集積化するときには隣接する素子の間を電気的に分離する必要があるが，MOSFETではそのような分離は不要である．そのため，集積度を高めるにはMOSFETが圧倒的に有利である．デジタル技術の需要と発展とも相まって，今日では集積回路といえばほとんどがMOSFETのデジタル回路となっている．

13.2　バイポーラ集積回路

図13.1のように，2個のnpnトランジスタを同一基板上に集積化した場合を考えよう．両方のトランジスタはn-p-n構造をもっており，それぞれトランジスタとして動作する．しかし，二つのトランジスタのコレクタは二つのトランジスタに共通の基板そのものであり，電気的につながった状態になっている．そのため，二つのトランジスタとして別個に動作できないことがわかる．これを防ぐためには，以下に述べるように，個々のトランジスタの基板を分離する**分離拡散**（isolation diffusion）という工程が必要になる．

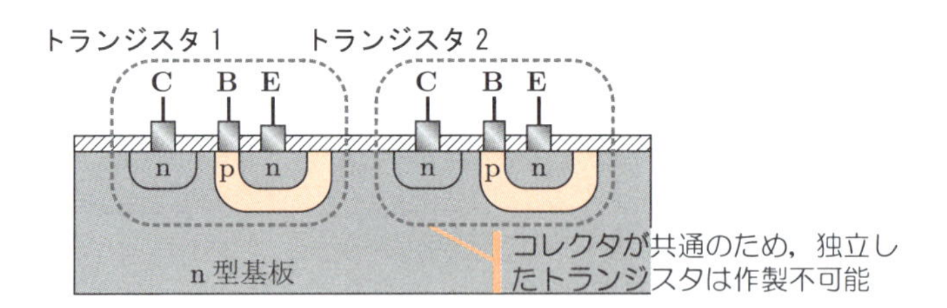

図13.1　分離拡散のないバイポーラ集積回路

まず，図13.2(a)に示すように，p型基板上にn型の層を一様に成長させる．その後，拡散やイオン注入により，素子と素子の間になる部分に，p型基板に達するまでp型不純物を導入する（図(b)）．これにより，p型基板と導入したp型の領域のなかに，孤立したn型の領域を形成できる．

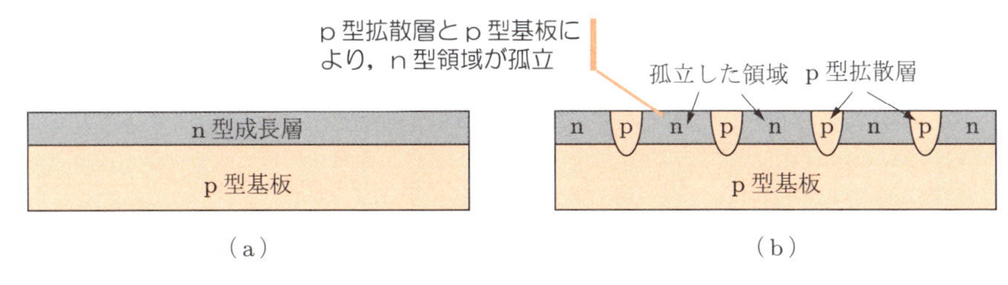

図 13.2　分離拡散工程

このように作製した孤立した n 型領域のなかに，トランジスタなどの個々の素子をつくり込むことで，電気的に独立した素子の形成が可能となる．図 13.3 に，同一基板上にトランジスタを作製した例を示す．図 13.1 では共通になっていたコレクタの間に p 型の分離拡散層が入ることで，二つのトランジスタが電気的に分離されているのがわかる．

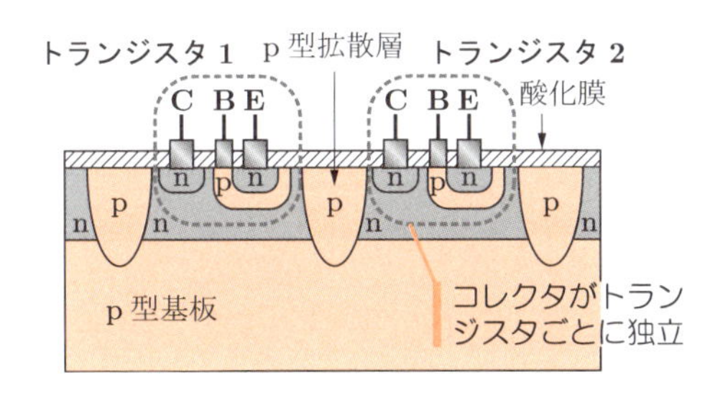

図 13.3　分離拡散をしたバイポーラ集積回路

バイポーラ集積回路は，デジタル回路の分野では MOSFET に主役の座をゆずったが，動作速度が速くて直線性に優れていることから，オーディオ用増幅器や電源回路，そして，計測や制御の分野で用いられている演算増幅器など，アナログ回路の集積回路として，いまでも広く用いられている．

13.3　MOS 集積回路

シリコン基板に MOSFET を集積したものを **MOS 集積回路**（MOS integrated circuit）という．まず，図 13.4 のように，n チャンネル MOSFET をシリコン基板上に複数個集積することを考えよう．それぞれの MOSFET は，ソースとドレインを形成する二つの n 型領域と，ソース - ドレイン間の表面に形成した酸化膜上に配置されたゲート電極で構成されている．

この場合，隣接する MOSFET のソース，ドレインはどちらも p 型領域で囲まれて

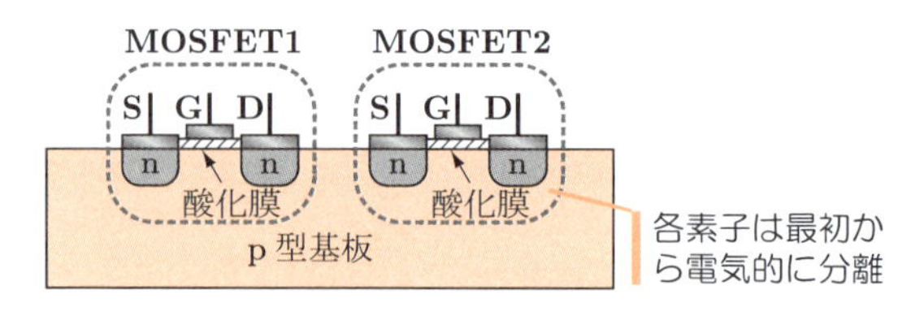

図 13.4　MOS 集積回路

おり，ソース，ドレインのいずれの間の接合も n-p-n となっている．そのため，それらの間にどちらの向きに電圧が印加されても，常に逆方向バイアスとなる接合が存在するため電流が流れることはなく，電気的に分離されている．したがって，バイポーラ集積回路の場合のように，素子間の分離のための工程は不必要となる．その結果，MOSFET 素子そのものの単純さとも相まって，同じ面積の基板ならば，分離拡散が必要なバイポーラ集積回路に比べてより多くの素子を集積化することが可能となる．

また，ゲートとドレインを接続することで，MOSFET を単なる抵抗として用いることができるため，MOSFET を多数つくっておき，配線を工夫することでさまざまな回路を組むことも可能となる．図 13.5 に，n チャンネル MOSFET のみで構成された NOT 回路を示す．図において，FET2 は FET としてではなく，単なる負荷抵抗として用いられている．

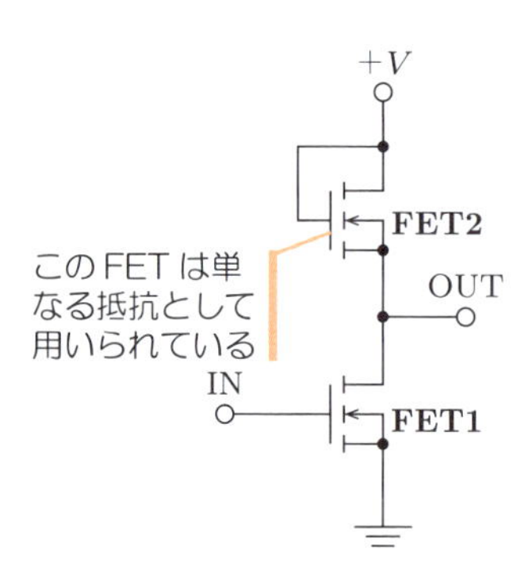

図 13.5　n チャンネル MOSFET による NOT 回路

13.4　C-MOS 集積回路

C-MOS（complementary MOS）は，消費電力を極力抑えた腕時計用の素子として開発されたものであり，入力が High のときに ON となる n チャンネル MOSFET と，逆に，入力が Low のときに ON となる p チャンネル MOSFET とで構成されている．

消費電力が小さいことから，いまでは腕時計のみならず，携帯電話やノートパソコンなどに広く応用されている．以下では，NOT 回路を例に C-MOS 集積回路の動作を説明しよう．

図 13.6 に C-MOS NOT 回路を示す．n チャンネル MOSFET と p チャンネル MOSFET が直列に接続されており，双方のゲートが接続されて入力となっている．出力は n チャンネル MOSFET のドレインと p チャンネル MOSFET のソースとの接続点である．

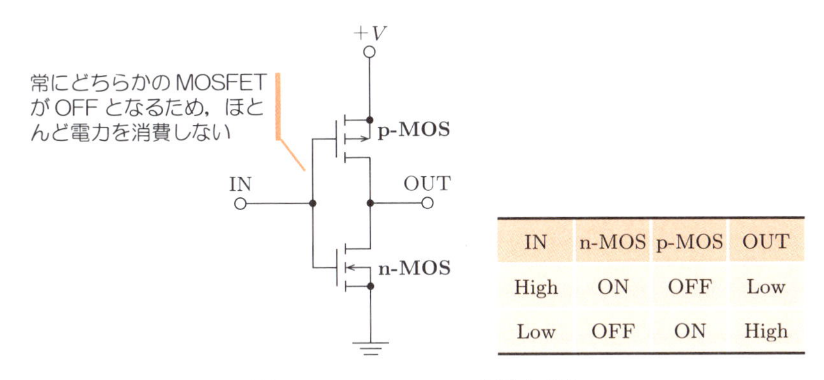

IN	n-MOS	p-MOS	OUT
High	ON	OFF	Low
Low	OFF	ON	High

図 13.6　C-MOS NOT 回路と動作

入力が High になると，二つの MOSFET のゲートに High が入力され，下側の n チャンネル MOSFET は ON となる．このとき，上側の p チャンネル MOSFET は OFF となるため，出力が n チャンネル MOSFET を通じて接地され，出力は Low となる．また，n チャンネル MOSFET は ON となるが，直列に接続された p チャンネル MOSFET が OFF となるため，電源からは電流が流れない．

入力が Low になると，今度は p チャンネル MOSFET が ON，n チャンネル MOSFET が OFF となって，出力は p チャンネル MOSFET を通じて $+V$ につながるため，出力は High となる．直列に接続された n チャンネル MOSFET が OFF となるため，このときも回路には電流が流れず，ほとんど電力を消費しないことがわかる．

同じように，C-MOS で構成した NAND 回路と NOR 回路を図 13.7(a)，(b) に示す．これらの回路も，直列に接続された n チャンネル MOSFET と p チャンネル MOSFET のいずれかが常に OFF となっているため，消費電力をきわめて小さくすることができる．このように，C-MOS では，どの状態でも直列につながった n チャンネル MOSFET と p チャンネル MOSFET のいずれかが常に OFF となっているため，回路にはほとんど電流が流れず，消費電力はきわめて低くなっている．

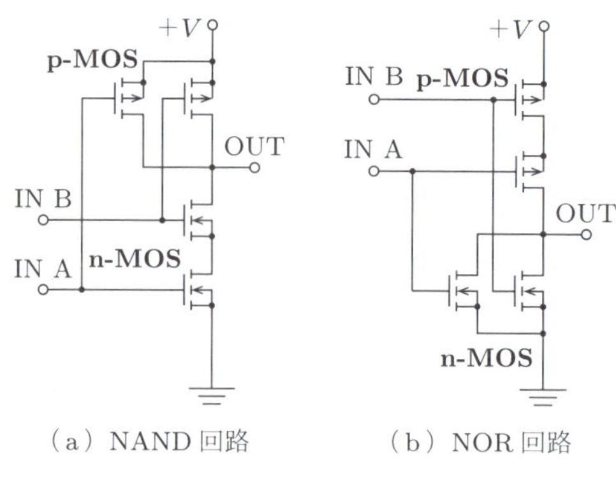

（a）NAND 回路　　（b）NOR 回路

図 13.7　C-MOS NAND 回路と NOR 回路

コーヒーブレイク◯ コンピュータのクロックと消費電力

C-MOS 回路はきわめて消費電力が小さいが，ゼロではない．C-MOS 回路でもっとも電流が流れるのは ON 状態から OFF 状態へ，あるいはその逆へスイッチングするときであり，このとき一瞬電流が流れる．この電流はスイッチングのたびに MOS キャパシタが充放電されることに起因している．したがって，スイッチングの回数が多いほど消費電力が増加することになる．パソコンの CPU のクロックが高くなるにつれて発熱量が飛躍的に増加し，大きな CPU ファンや冷却器が必要になることや，電力消費を抑える必要のあるノート PC のクロックが比較的低いのはこのためである．

13.5 集積回路の製法

集積回路をつくるプロセスは，基本的には**前工程**（pre-process）とよばれる①酸化工程，②光リソグラフィー工程，③エッチング工程，④拡散工程，⑤メタライズ工程の 5 種類である．これらの 5 種類の工程を組み合わせたり繰り返したりして集積回路を作成した後に，外部回路と接続して半導体素子として使えるようにする⑥**後工程**（post-process）を行う．これらの工程を，n チャンネル MOSFET で構成された集積回路を例に説明しよう．

①酸化工程

シリコン基板は，最初に酸や有機溶媒，そして超純水で洗浄される．その後，水蒸気や微量の酸素雰囲気の酸化炉内で熱処理することで，基板表面に SiO_2 薄膜を形成する．この工程を**酸化**（oxidation）という．このプロセスにより，図 13.8 に示すように，シリコン基板の表面全体を，きわめて緻密な酸化膜 SiO_2 で覆うことができる．この膜は，後で述べる拡散工程の際のマスクや，形成した素子の保護膜として用いられる．

図 13.8 シリコン基板の酸化

②光リソグラフィー工程

集積回路をつくるためには，シリコン基板上に回路のパターンをつくり込む必要がある．そのためのプロセスが**光リソグラフィー**（photolithography）工程である．このプロセスの概要を図 13.9 に示す．まず，シリコン基板全体に感光剤である**光レジスト**（photoresist）を**スピンナー**（spinner）とよばれる装置で均一に塗布する．スピンナーとは，シリコン基板の中心に粘度の高い液体である光レジストを垂らせた後に，基板を回転させて遠心力で光レジストを薄く塗布する装置である．レジスト塗布後，レジストに含まれる有機溶媒を蒸発させてレジストを固化するための**プリベーク**（pre-bake）とよばれる熱処理を行う．その後，所望のパターンが焼き付けられた写真乾板をシリコン基板に重ねて紫外線を照射し，写真乾板のパターンを光レジスト膜に転写する．光レジストには，光が当たった部分が硬化する**ネガ型**（negative type）と，光が当たった部分が溶解する**ポジ型**（positive type）とがある．図 13.9 では，ポジ型の例を示している．紫外線を照射後，光レジスト膜を現像すると，ポジ型では光の当たった場所が溶解して，その部分では SiO_2 膜がむき出しになる．

③エッチング工程

つぎに，むき出しになった SiO_2 膜の部分を，フッ化水素酸とフッ化アンモニウム

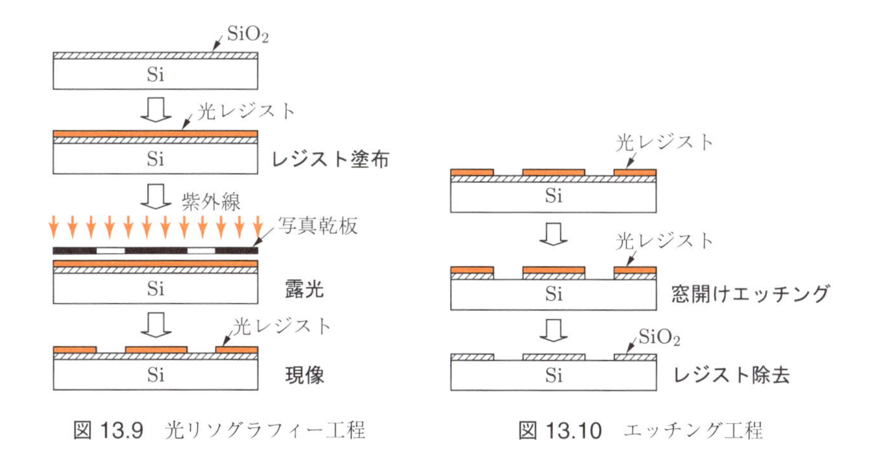

図 13.9 光リソグラフィー工程

図 13.10 エッチング工程

の混合液（**バッファードフッ酸**（buffered hydrofluoric acid））で溶解する．フッ化水素酸はガラス（SiO_2）を溶かす唯一の酸として知られている．光リソグラフィー工程を経たシリコン基板をバッファードフッ酸に浸すことで，図 13.10 に示すように，レジストの除去された部分の酸化膜がフッ酸に解けて除去される．この工程は酸化膜に窓を開ける様子に似ているので**窓開けエッチング**（etching）とよばれている．窓開けエッチングがすむと，基板上に残ったレジストをレジスト除去液で溶解したり，プラズマでレジストを焼くなどして除去する．これらの工程で，写真乾板（**フォトマスク**（photo mask））に焼き付けられた回路パターンが酸化膜に焼き付けられる．

④拡散工程

この工程では，拡散炉とよばれる電気炉内で，酸化膜に開いた窓を通して種々の不純物を，表面からシリコン基板内に拡散によって導入する．実際にはホウ素やヒ素を含むガス中，もしくはBN（窒化ホウ素）の固体を基板とともに拡散炉に入れてシリコン基板を熱処理し，所望の不純物を導入する．このとき，SiO_2 で覆われている部分には不純物は進入せず，SiO_2 のパターンの通りに不純物が導入される．図 13.11 に示すように，基板と異なる導電型をつくる不純物を SiO_2 に開いた窓から導入すると，基板とは導電型の異なる領域をつくることができる．この領域が MOSFET のソースやドレインになる．

⑤メタライズ工程

拡散がすむと，それぞれの層に電極を付けるために，図 13.12 に示すように，真空蒸着やスパッタリングで金属薄膜を形成する．この工程を**メタライズ**（metallizing）とよぶ．この金属膜の材料としては，オーミック特性をもつ材料を選ぶ必要がある．初期にはアルミニウムが広く用いられたが，いまはシリコンの多結晶（**ポリシリコン**（polysilicon））やシリコンと金属の化合物（**シリサイド**（silicide））など，種々の材料が使われるようになった．

メタライズ工程が終わると，電極を設計通りに配線するために，②の光リソグラフィー工程と③のエッチング工程を行う．このように①～⑤の工程を繰り返すことで，複雑

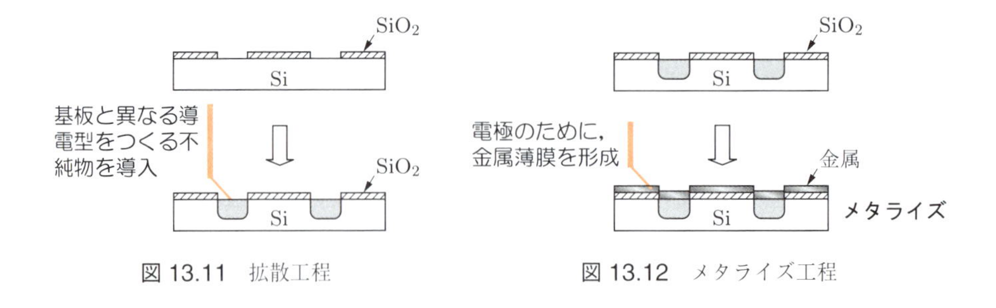

図 13.11　拡散工程　　図 13.12　メタライズ工程

な電気回路をシリコン表面につくり込んで，集積回路ができあがる．

⑥後工程

シリコン基板に多数の素子や集積回路がつくり込まれると，基板はダイヤモンドカッターで個々の素子や集積回路に切り分けられる．この切り分けるプロセスを**ダイシング**（dicing）といい，切り分ける装置を**ダイシングソー**（dicing saw）とよぶ．その後，**リードフレーム**（lead frame）とよばれる金属の台に接着される．この工程を**ボンディング**（bonding）という．ボンディングにより素子がリードフレームに載せられると，リードフレームの端子と素子や集積回路の電極との間を細い金線やアルミ線で接続する**ワイヤボンディング**（wire bonding）工程を経て，電気的に動作するようになる．最後に，**モールディング**（molding）工程とよばれる工程で，全体を樹脂で固め，リードフレームの足を曲げて集積回路ができあがる．

例題 13.1 図 13.11 で不純物を拡散すると，不純物が SiO_2 の窓よりも広い部分に導入される．その理由を説明せよ．

解 不純物は密度差によって半導体内部へ拡散する．移動の力は密度差であるから，深さ方向のみならず，横方向にも広がる．通常用いる半導体は**単結晶**（single crystal）なので，方向によって不純物の拡散係数が異なる．そのため，一般的に深さ方向と横方向とでは拡散される深さが異なる．

プラス α　シリコン基板の表面

シリコン基板の表面は，ほぼ完全な鏡面仕上げがなされており，きわめて綺麗な表面が形成されているように見える．しかし，スライスや研磨といった機械的な加工が施されているため，結晶学的にみると必ずしも品質がよいとはいえない．そのため，シリコン基板表面に直接デバイスを形成することはなく，シリコン基板表面に新たに結晶を成長（エピタキシャル成長（epitaxial growth））させて，その成長層にデバイスをつくることになる．そのため，実際の工程は，本章で述べているものよりもはるかに複雑である．

演習問題

[1] GaAs の集積回路はシリコンよりも実現しにくい．その理由を説明せよ．

[2] 集積回路をつくるときは，シリコン基板に直接つくらずに，エピタキシャル成長層を形成して，そのなかに集積回路を作製する．その理由を説明せよ．

[3] フォトリソグラフィーの最小加工寸法を決める要因を説明せよ．

第14章 光半導体素子

p-n 接合の注入を利用すると，わずかなエネルギーで励起状態をつくることができる．励起されたキャリアがもとのエネルギーにもどる際に，余分なエネルギーを光として放出するものが発光素子であり，照明などに用いられている．逆に，半導体に光を照射すると，キャリアが励起され，これを電力や信号の形で取り出すものが受光素子であり，太陽電池などに応用されている．本章では，これら発光素子と受光素子の原理と構造について学ぼう．

14.1 エネルギーギャップと光

半導体が光を吸収したり，逆に光を発したりする場合には，吸収する光のエネルギーや発する光のエネルギーと，半導体のエネルギーギャップの値とには密接な関係がある．伝導帯に励起された電子は，一定時間が経過すると，図 14.1 に示すように，価電子帯の正孔と再結合して，エネルギーの低いもとの安定な状態にもどる．その際に，エネルギー保存則によって，伝導帯と価電子帯とのエネルギー差に等しいエネルギーをもつ光を放出する．半導体のエネルギーギャップの値を E_g とすると，放出される光の振動数 ν は次式で関係付けられる．

$$E_g = h\nu \tag{14.1}$$

これより，放出される光の波長 λ_g は，

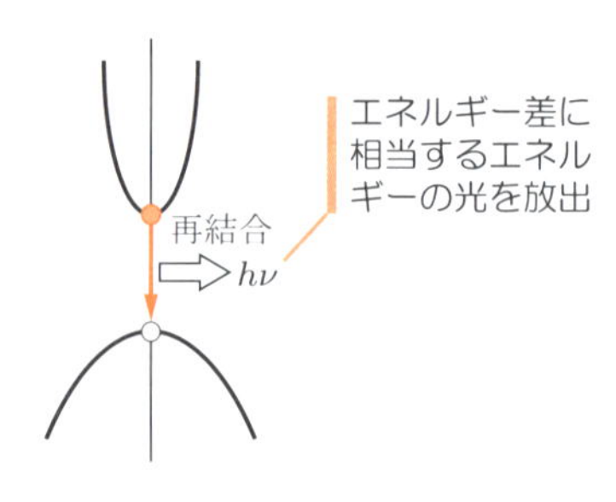

図 14.1　半導体からの発光

$$\lambda_g = \frac{c}{\nu} = \frac{hc}{E_g} \cong \frac{1.24}{E_g[\mathrm{eV}]}\,[\mu\mathrm{m}] \tag{14.2}$$

となる．

つぎに，エネルギーギャップよりも大きなエネルギーをもつ光が半導体に入射する場合を考える．光によって，価電子帯の電子は伝導帯に励起されて伝導電子となり，価電子帯には正孔が残される．そして，入射光はエネルギーを失って消滅する．これを光の**吸収**もしくは**光吸収**（absorption）とよぶ．そのときの光のエネルギーは，式 (14.1) で表されるエネルギーギャップよりも大きい必要がある．式で示すと，

$$E_g \leq h\nu \tag{14.3}$$

となる．半導体のエネルギーギャップよりも小さなエネルギーの光が入射しても，光は半導体に吸収されることなく，そのまま素通りしてしまう．これを**透過**（transmittion）とよぶ．波長で示すと，式 (14.2) よりも長い波長の光は透過し，短い波長の光は吸収されて，価電子帯の電子を伝導帯に励起することになる．

例題 14.1 TV のリモコンなどに使われている赤外線発光ダイオードは GaAs でできている．GaAs のエネルギーギャップを約 1.43 [eV] として，発光している赤外線の波長を求めよ．

解 GaAs のエネルギーギャップが約 1.43 [eV] であるので，式 (14.2) より，

$$\lambda_g \cong \frac{1.24}{1.43\,[\mathrm{eV}]}\,[\mu\mathrm{m}] = 0.867\,[\mu\mathrm{m}]$$

の赤外線となる．実際の GaAs 赤外線発光ダイオードは，添加した不純物などの影響により，これより長い 0.94 [μm] 程度となっている．

14.2 発光ダイオード

p-n 接合に順方向電圧を印加すると，図 14.2 に示すように，p-n 接合を横切って p 型半導体から n 型半導体に正孔が，また，n 型半導体から p 型半導体に電子がそれぞれ少数キャリアとして注入される．これら注入されたキャリアは多数キャリアと再結合し，伝導帯の電子のエネルギーと価電子帯の電子のエネルギー差に相当する振動数 ν の光を放出する．この現象を用いたのが**発光ダイオード**（LED: light emitting diode）である．

テレビなどのリモコンに広く使われている赤外発光ダイオードの代表的な構造例を，図 14.3 に示す．このダイオードは，Ⅲ 族元素であるガリウム（Ga）と V 族元素であ

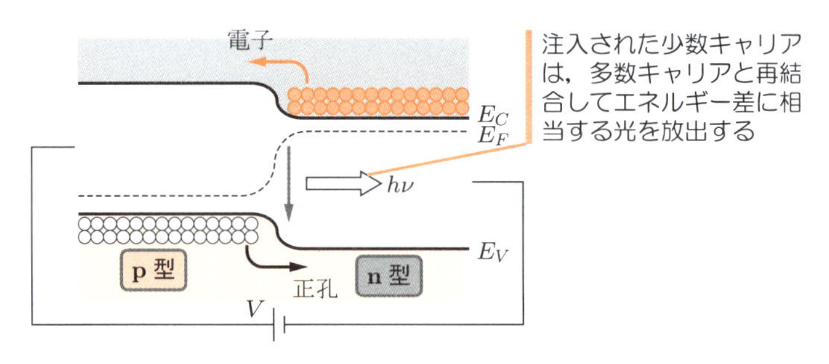

図 14.2　p-n 接合を用いた少数キャリアの注入

るヒ素（As）との化合物である GaAs（gallium arsenide）の p-n 接合で構成されている．GaAs のエネルギーギャップは約 1.43 [eV] であり，波長 850 [nm] 付近の近赤外線を発光する．発光は主に拡散長の長い電子が注入される p 型 GaAs で生じる．その光が再び GaAs で吸収されることなく，外部に効率よく取り出せるように，図 14.3 のように，実質的なエネルギーギャップがわずかに広い n 型 GaAs を上面にして使用することが多い．

さらに，LED の発光効率を向上するために，発光する部分をエネルギーギャップの大きい半導体材料で挟んでヘテロ構造を形成し，注入されたキャリアが再結合せずに拡散するのを防いでいる LED もある．

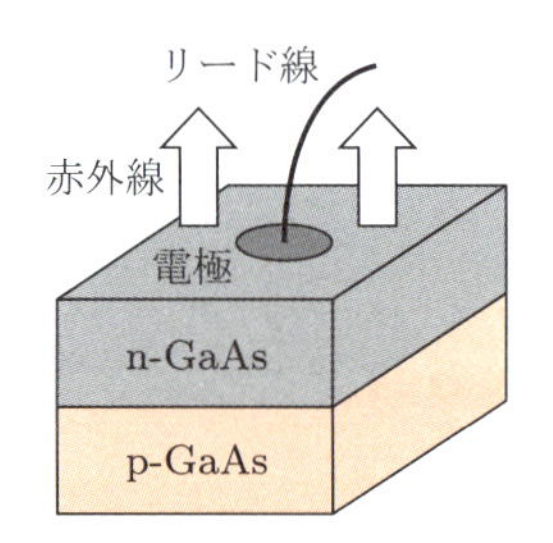

図 14.3　GaAs 発光ダイオードの構造例

プラス α　p-n 接合とイオン化

発光ダイオードに代表されるように，ほとんどの半導体デバイスはキャリアが励起された非熱平衡状態か，もしくは非熱平衡状態から熱平衡状態へ回復するときの現象を利用している．通常，価電子帯の電子を伝導帯に励起することは，化学結合を切って**イオン化**（ionization）することと同じであり，高温にしたり，エネルギーの高い光を照射するなどの大きなエネルギーが必要となる．

それに対し，半導体では p-n 接合を利用することで，乾電池 1 個程度のエネルギーでこの励起状態を高効率で実現できる．これはガスレーザと半導体レーザの大きさや消費電力を比べて見れば一目瞭然である．

プラス α ヘテロ構造

異なる物質を接合させた構造を**ヘテロ構造**（heterostructure）という．このとき，物質を構成する結晶の原子間の距離である**格子定数**（lattice constant）が両方の物質で異なると，接合部にキャリアの流れを阻害する**欠陥**（defect）ができてしまう．そのため，良好なヘテロ構造を形成できるのは，格子定数のほぼ等しい半導体の組み合わせに限られる．発光素子で用いられる GaAs と，GaAs と AlAs との**混晶**（mixed crystal）である AlGaAs とは，格子定数がほぼ等しく，良好なヘテロ接合の形成が可能となっている．

14.3 半導体レーザ

14.3.1 光の吸収と誘導放出

半導体に半導体のエネルギーギャップより大きなエネルギーをもつ光が入射すると，図 14.4(a) に示すように，通常は価電子帯の電子を伝導帯に励起して光が消滅する．これが前述の光吸収である．また，光のエネルギーが半導体のエネルギーギャップよりも小さいと，価電子帯の電子を励起することができず，光は半導体と何の相互作用もせずに透過してしまう．

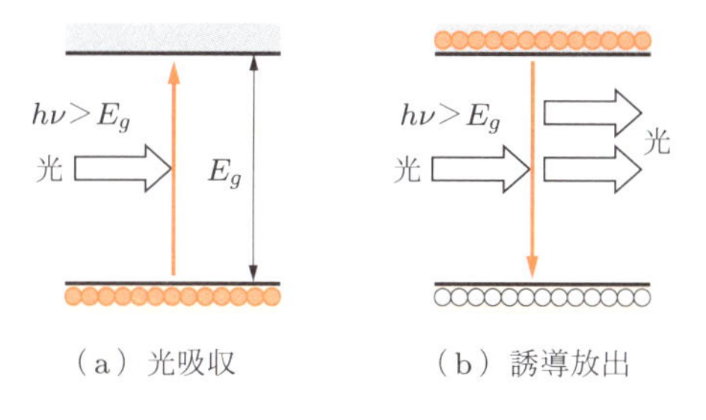

図 14.4 光吸収と誘導放出

価電子帯に電子がなく，伝導帯に多数の電子が励起されている状態の半導体に，エネルギーギャップよりも大きなエネルギーをもつ光が入射した場合を考えよう．この場合には，価電子帯に電子がないため，価電子帯の電子を伝導帯に励起することができない．そのかわりに，図 14.4(b) に示すように，伝導帯の電子が，入射した光によって価電子帯にたたき落とされるという現象が生じる．このとき入射した光は，エネルギーを消費しないので，光吸収のように消滅することなく，そのまま半導体内を進んで行く．伝導帯から価電子帯に落とされた電子は，そのエネルギー差に相当するエネルギーの光を放出することになる．このとき放出される光は，入射光とまったく同じ周波数と同じ位相をもっている．その結果，光の強度が大きくなって光が増幅されることになる．この現象を**誘導放出**（stimulated emission）といい，この誘導放出による光増幅を利用した発光素子が，**レーザ**（laser: light amplification by stimulated emission of radiation）である．

図14.4からわかるように，光吸収と誘導放出とは，光によって価電子帯の電子を伝導帯に移すか，それとも伝導帯の電子を価電子帯に移すかが異なるだけで基本的には同じ現象であり，それらが生じる確率も同じとなる．光が半導体に入射すると光吸収と誘導放出の両方が生じ，価電子帯と伝導帯のどちらの電子が多いかによってどちらの現象が優勢になるかが決まる．誘導放出を優勢にするためには，エネルギーの低い準位である価電子帯に存在する電子よりも，エネルギーの高い準位である伝導帯に存在する電子を多くすればよいことになる．エネルギーの高い準位に電子が多く存在するこのような分布を**反転分布**（population inversion）の状態とよんでいる．反転分布は自然界では決して存在せず，価電子帯の電子を励起するなど，人工的につくる必要がある．

一般に，下位の準位に存在する電子数 N_1 と上位の準位に存在する電子数 N_2 の比は，つぎのボルツマンの関係で表される．

$$\frac{N_2}{N_1} = \exp\left(-\frac{E_2 - E_1}{kT}\right) \tag{14.4}$$

この式で反転分布の状態 $N_2 > N_1$ を表そうとすると，exp のなかが正になる必要がある．$E_2 - E_1$ および k の値は正であるため，exp のなかを正にするには温度 T が負である必要がある．実際には負の温度の状態は存在しないが，便宜上，反転分布の状態を**負温度**（negative temperature）**の状態**とよんでいる．誘導放出を優勢にしてレーザ発振を実現するには，強い励起によって負温度の状態をつくる必要がある．

プラス α　直接遷移型と間接遷移型

発光素子に用いられているのはシリコンではなく，GaAs に代表される化合物半導体である．その理由は，GaAs が伝導帯に励起された電子が価電子帯の正孔と再結合する際に，運動量の変化がない**直接遷移型**（direct band gap type）半導体であるのに対して，シリコンは運動量の変化を伴う**間接遷移型**（indirect band gap type）半導体であることに起因している．発光素子では光子を出すが，光子は運動量をほとんどもっていない．そのため，運動量の変化を受けもつことができず，間接遷移型の半導体の再結合には格子振動の助けを借りる必要があり，電子と正孔と格子振動の三つが関与する必要がある．そのため発光効率がきわめて低く，シリコンなどの間接遷移型の半導体は発光素子には使えない．

14.3.2 ダブルヘテロ構造

p-n 接合に順方向電流を流すと n 型から電子が注入され，p 型から正孔（電子のない状態）が注入されるため，接合付近では上位の準位である伝導帯に電子が多く，下位の準位である価電子帯に電子が少ない反転分布を実現できる．しかし，注入されたキャリアは半導体の中性領域に向かって拡散していくため，反転分布をつくるには大電流を流す必要があった．最初に実現された半導体レーザは，大電流による発熱を防ぐために液体窒素中で冷やしたうえ，短いパルスで駆動しなければ発振しなかった．そのため，駆動電流を小さくすることが半導体レーザの実用化のための鍵となった．

その問題を解決したのが，図 14.5 に示した**ダブルヘテロ構造**（DH: double-heterostructure）である．ダブルヘテロ構造では，光を発生する GaAs で構成される**活性層**（active layer）を，GaAs よりもエネルギーギャップの広い AlGaAs のクラッド層（clad layer）で挟んで，効率よく反転分布を実現している．

ダブルヘテロ構造のエネルギー帯図を図 14.6(a) に示す．無バイアス時にはフェルミ準位が水平にそろっているが，p-AlGaAs に正，そして n-AlGaAs に負の順方向バイアスを印加すると，エネルギー帯図が図 (b) のようになり，p-AlGaAs から GaAs

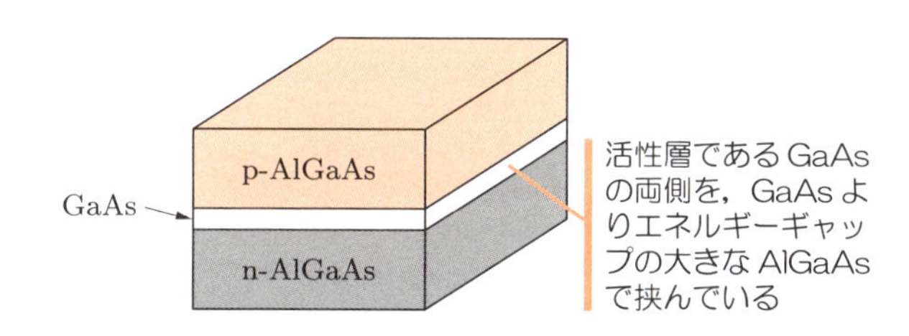

図 14.5　AlGaAs-GaAs ダブルヘテロ構造

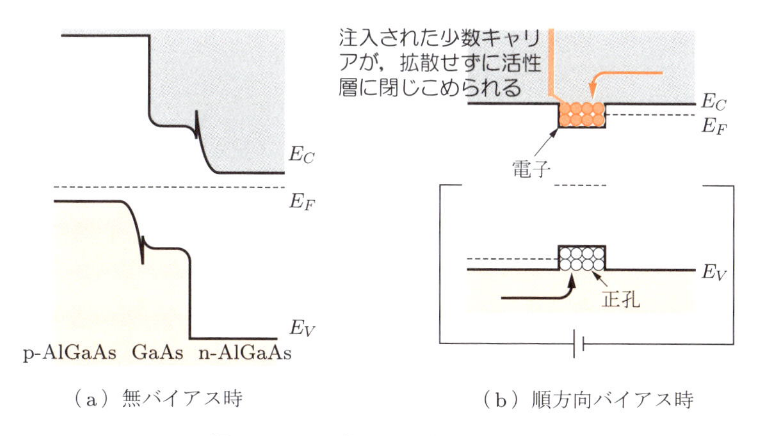

（a）無バイアス時　（b）順方向バイアス時

図 14.6　DH 構造のエネルギー帯図

に注入された正孔，および n-AlGaAs から GaAs に注入された電子は，DH 構造の障壁によって中性領域へ拡散することができず，活性層である GaAs 層に閉じこめられることになる．その結果，GaAs 層では，伝導帯には電子が多く，また，価電子帯は電子のない状態である正孔が多いという反転分布を，わずかな電流で実現できることになる．この DH 構造を使って，半導体レーザの室温での連続動作を世界で最初に実現したのは，ベル研究所の林 厳雄（1922–2005）とパニッシュ（Morton Panish: 1929–）らであった．冷却する必要がなく，室温で直流動作する半導体レーザの実現によって，光通信はもとより，CD プレイヤーや DVD プレイヤーなどの情報関連機器に大きな革命がもたらされた．

14.3.3　半導体レーザの特性

図 14.7 に示すように，半導体レーザはダブルヘテロ構造の両端を 2 枚の反射鏡で挟んで**ファブリ - ペロ共振器**（Fabry-Perot resonator）を構成した構造をしている．通常，この反射鏡は，結晶をへき開した面に**反射コーティング**（reflection coating）を行ったものを用いている．

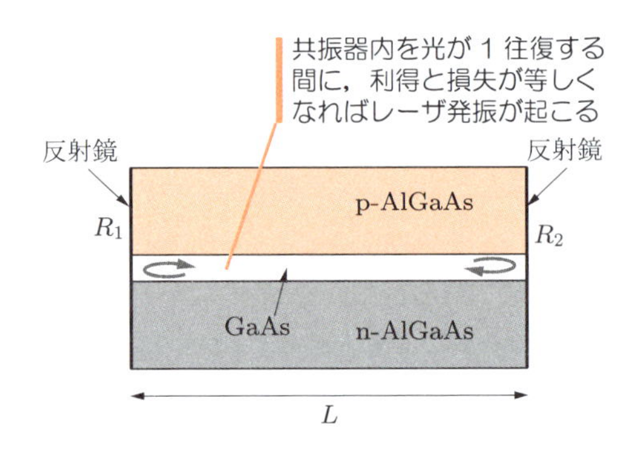

図 14.7　半導体レーザの発振条件

レーザ発振を実現するには，光が共振器内を 1 往復する間の利得と損失とが等しくなることが必要となる．光が共振器内を 1 往復する間の強度変化は，共振器長を L，単位長さあたりの光の利得を g，損失を α，左右の反射鏡の反射率をそれぞれ R_1, R_2 とすると，

$$R_1 R_2 \exp\{2(g-\alpha)L\} \tag{14.5}$$

となる．この値が 1 以上であれば，光が共振器内を 1 往復するともとの光強度以上となり，光増幅が実現してレーザ発振が起こる．そして，式 (14.5) が 1 になるときが，レーザ発振が生じる閾値となる．そのときの光利得 g_{th} は，式 (14.5) が 1 と等しいと

して，

$$g_{th} = \frac{1}{2L} \ln \left(\frac{1}{R_1 R_2} \right) + \alpha \tag{14.6}$$

と求められる．半導体レーザを動作させるには，この閾値以上の光利得が得られるだけの大きさの順方向電流を流す必要がある．

図 14.8 に，半導体レーザに順方向電流を流したときの光出力の変化を示す．順方向電流が小さい間は微弱な光しか発しないが，光の利得が式 (14.6) の閾値となる閾値電流 I_{th} に電流が達すると，レーザ発振が起こって光の強度は劇的に増加する．レーザ発振が起こった後は，電流の増加に比例して光出力が増加する．レーザ発振後の電流－光出力特性の傾きは，注入された電流がどの程度レーザ光に変換されているかを表している．レーザ光の光子の増分と注入された電子の増分との比は**外部微分量子効率**（external differential quantum efficiency）とよばれ，次式で表される．

$$\eta_d = \frac{\Delta P/h\nu}{\Delta I/q} \tag{14.7}$$

ここで，$\Delta P/h\nu$ は光子数の増分を，また $\Delta I/q$ は電子数の増分を表している．

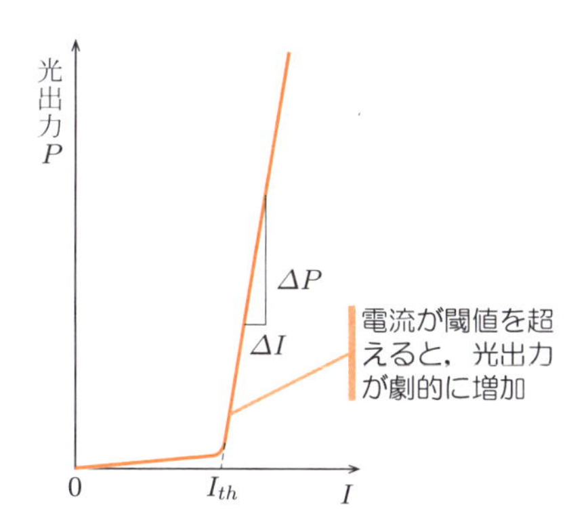

図 14.8　半導体レーザの電流－光出力特性

半導体レーザの発振条件には，光の強度だけでなく，どのような波長の光がどのような反射経路をたどるかという**モード**（mode）や光の位相に関する条件も存在する．それらについては，光エレクトロニクス関係の専門書を参照してほしい．

半導体レーザの効率は，ほかのガスレーザや固体レーザなどに比べて著しく高く，小型で高出力のものが得られる．そのため，CD-R の光源やレーザポインタ，固体レーザなどの励起光源やハンダ付けのときの加熱などに幅広く応用されている．

例題 14.2 閾値電流が 15 [mA] の波長 660 [nm] の赤色半導体レーザがある．60 [mA] で動作しているときの光出力を求めよ．ただし，外部微分量子効率を 40[%] とする．

解 レーザ発振に寄与している電流は $60 - 15 = 45$ [mA] である．また，放出されるレーザ光の光子数は，(閾値を超えて注入される電子数) × (外部微分量子効率) で表されるので，

$$\frac{60 \times 10^{-3} - 15 \times 10^{-3}}{1.602 \times 10^{-19}} \times 0.4 = 1.12 \times 10^{17}\ [\text{個}]$$

となる．波長 660 [nm] の光子は

$$\lambda\,[\mu\text{m}] = \frac{1.24}{E\,[\text{eV}]}$$

より，

$$E\,[\text{eV}] = h\nu = \frac{1.24}{0.66\,[\mu\text{m}]} = 1.88\,[\text{eV}] = 3.01 \times 10^{-19}\,[\text{J}]$$

のエネルギーをもっているので，全体のレーザ光の出力は，つぎのようになる．

$$P = 1.12 \times 10^{17} \times 3.01 \times 10^{-19} = 3.4 \times 10^{-2} = 34\,[\text{mW}]$$

コーヒーブレイク ◯ レーザ光線と宇宙人

レーザ発振に必要な反転分布の状態は，熱平衡では決して起こらず，人工的につくられた状態であることがわかる．このことは，レーザ光線自体が自然界には存在することのない光であることを意味する．夜空を望遠鏡で眺めていて，もしどこかの星からレーザ光線が出ていれば，その星に人間と同様の高等生物が存在することになる．

14.4 フォトダイオードと太陽電池

14.4.1 光導電効果と光導電セル

図 14.4(a) で示したように，半導体にエネルギーギャップ以上のエネルギーをもつ光が入射すると，価電子帯の電子を伝導帯に励起し，伝導電子と正孔が発生する．この伝導電子と正孔は，時間が経てば再結合して消滅するが，図 14.9 のように半導体に電界が印加されていると，半導体のエネルギー帯が傾くため，電子と正孔とが分離されて，外部回路に電流が流れる．伝導電子と正孔が生じて半導体の導電率が変化する現象を**光導電効果** (photoconductive effect) という．このときの半導体の導電率は式 (7.12) より，

$$\sigma = qn\mu_{\text{n}} + qp\mu_{\text{p}} \tag{14.8}$$

と与えられるので，光導電効果により増加した電子および正孔密度を，それぞれ Δn,

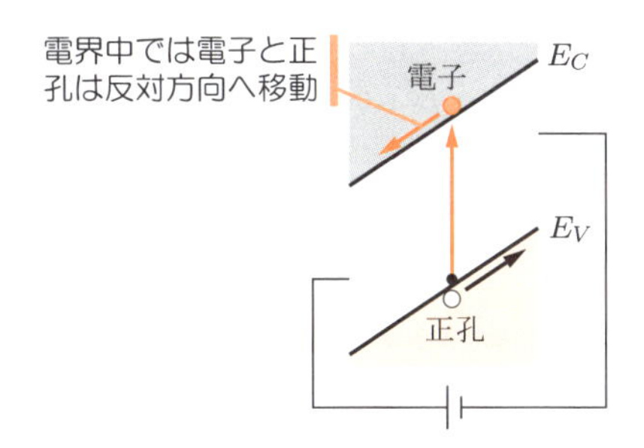

図 14.9　半導体の光導電効果

Δp とすると，それらによる導電率の変化 $\Delta\sigma$ は

$$\Delta\sigma = q\Delta n\mu_{\rm n} + q\Delta p\mu_{\rm p} \tag{14.9}$$

と書ける．光照射で発生する電子 - 正孔の数を G，電子と正孔の寿命をそれぞれ $\tau_{\rm n}$ と $\tau_{\rm p}$ とすると，

$$\Delta n = G\tau_{\rm n} \tag{14.10a}$$

$$\Delta p = G\tau_{\rm p} \tag{14.10b}$$

となるので，これより，式 (14.9) は

$$\Delta\sigma = qG\left(\mu_{\rm n}\tau_{\rm n} + \mu_{\rm p}\tau_{\rm p}\right) \tag{14.11}$$

となる．電極間距離を l，電極面積を S，印加電圧を V とすると，半導体に印加される電界は V/l となるので，電流密度 $i = \sigma E$ より，電流 I は

プラス α　エネルギーギャップの大きさと乾電池の数

発光ダイオードや半導体レーザは，p-n 接合による励起を最大限利用した素子である．半導体 p-n 接合に順方向電流を流して励起状態をつくるには，拡散電位以上の電圧を印加する必要がある．この電圧はダイオードの構成材料に依存し，エネルギーギャップ程度の値となる．Si ダイオードの場合はエネルギーギャップの値は 1.12 [eV] であり，Si ダイオードやトランジスタでつくった回路は電圧が 1.5 [V] である乾電池 1 個で動作させることができる．しかし，GaAs の発光ダイオードの場合は，エネルギーギャップが 1.43 [eV] とシリコンより大きいため，安定した動作のためには乾電池が 2 個（3 [V]）必要となる．テレビなどの赤外線リモコンに乾電池が必ず 2 個使われているのは，このためである．また，青色や白色の発光ダイオードの構成材料である GaN の場合はエネルギーギャップが 3.4 [eV] もあるため，乾電池 2 個では足りず，最低 3 個は必要となる．LED 懐中電灯に多くの乾電池やボタン電池が使われているのも同じ理由による．

$$I = iS = \Delta\sigma S\frac{V}{l} = \frac{qGSV}{l}(\mu_n\tau_n + \mu_p\tau_p) \tag{14.12}$$

となる．この電流を測定することで，光の強度測定が可能になる．この光導電効果を利用した光検出器は**光導電セル**（photocell）とよばれ，構造が簡単，安価で堅牢という特徴から，街灯の自動点灯装置などに広く使われている．

14.4.2　光起電力効果と太陽電池

光導電セルでは，外部から印加した電界で，励起された伝導電子と残された正孔とを分離して，外部回路に電流として取り出した．ここでは，p-n 接合の空乏層に光が照射され，価電子帯の電子が伝導帯に励起された場合を考えよう．空乏層領域で励起された電子，および価電子帯に残された正孔は，図 14.10 に示すように，p-n 接合の拡散電位によって発生する電界により，電子は n 型のほうへ，正孔は反対に p 型のほうへと移動することになる．

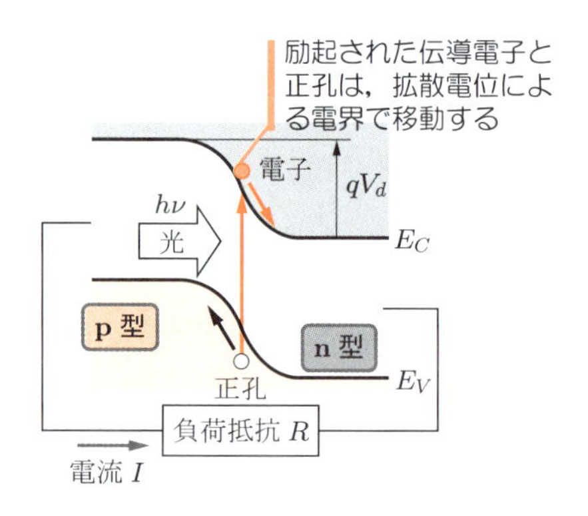

図 14.10　p-n 接合の光起電力効果

電子と正孔が移動した結果，n 型は負に帯電して電子から見たエネルギーは上昇し，逆に，p 型は正に帯電して電子から見たエネルギーは減少する．これにより，p-n 接合の拡散電位が小さくなり，p-n 接合が順方向バイアスを印加された場合と同様の状態となる．この状態で外部回路を接続すると，分離した電子と正孔を外部に電流として取り出すことができる．このように，光の照射によって p-n 接合に起電力を生じる現象は**光起電力効果**（photovoltaic effect）とよばれ，**フォトダイオード**（photodiode）や**太陽電池**（solar cell）に応用されている．

光照射によって生じた起電力を外部回路に電力として取り出す目的で作製された p-n 接合ダイオードを，太陽電池とよんでいる．以下では，太陽電池の動作原理について説明する．

図 14.10 の構造は，第 8 章で述べた p-n 接合そのものであり，電流と電圧の関係は基本的に式 (8.13) で示す p-n 接合の電流 - 電圧の式で与えられる．

$$I = I_S \left\{ \exp\left(\frac{qV}{kT}\right) - 1 \right\} \tag{14.13}$$

ここで，式 (8.13) の電流密度 J に接合面積をかけて電流 I としている．光を照射しない場合には，式 (14.13) は通常の p-n 接合ダイオードの電流 - 電圧特性と同様に，図 14.11(a) の光照射なしの場合のグラフになる．一方，ダイオードを負荷抵抗で短絡して光を照射すると，p 型に集まった正孔と n 型に集まった電子が外部回路を通して，通常の p-n 接合ダイオードの順方向バイアスのときの電流とは逆向きの**短絡電流**（short-circuit current）I_L が流れる．

太陽電池の電流 - 電圧特性でみると，負荷の短絡によって太陽電池の電圧は $V = 0$ となるので，図 14.11(a) の光照射ありのグラフのように，$V = 0$ で $I = -I_L$ の点となる．$V = 0$ で $I = -I_L$ となることを考慮して式 (14.13) を書き直すと，

$$I = -I_L + I_S \left\{ \exp\left(\frac{qV}{kT}\right) - 1 \right\} \tag{14.14}$$

となる．これは図 14.11(a) の光照射なしのグラフを $-I_L$ だけ下方向に移動することを意味しており，移動した結果，図 14.11(a) の光照射ありのグラフとなる．

実際の太陽電池では，図 14.11(b) のように負荷抵抗 R_L を接続して使用する．負荷抵抗の電流と電圧との関係は

$$I = -\frac{1}{R_L} V \tag{14.15}$$

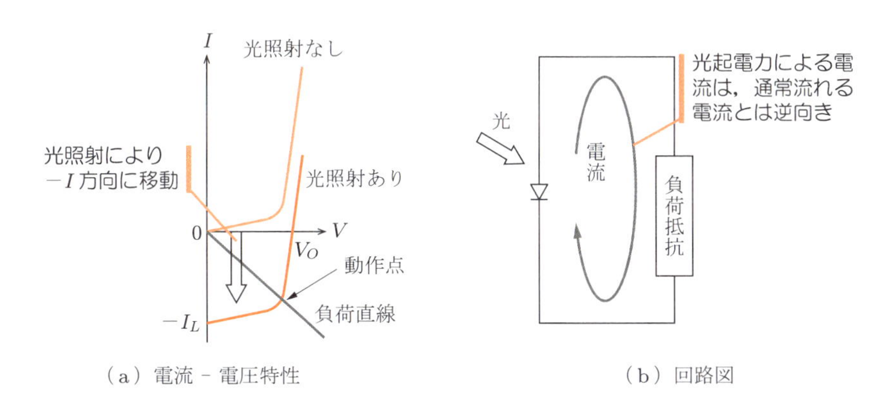

図 14.11　太陽電池の特性

であるので，式 (14.15) は図 14.11(a) の負荷直線のようになる．この直線と，式 (14.14) の光照射ありのグラフとの交点が太陽電池の動作点（operating point）になる．

太陽電池の特性を表すのは，p-n 接合ダイオードの電流 - 電圧特性の第四象限である．そのため，見やすいように，電流軸を反転させて，図 14.12 のように第一象限に移して示すことが多い．負荷抵抗の値を変化させると，動作点は図 14.12 のグラフの上を移動する．取り出せる電力，すなわち抵抗に流れる電流と電圧の積が最大となる電流と電圧を I_M および V_M とし，短絡電流 I_L と外部回路を開放したときの**開放電圧**（open circuit voltage）V_O との積との比

$$\mathrm{FF} = \frac{V_M I_M}{V_O I_L} \times 100[\%] \tag{14.16}$$

を**曲線因子**，もしくは **FF 値**（fill factor）という．これは太陽電池の性能を示す指標の一つとなっており，電流 - 電圧特性が四角形のときに 100% となる．

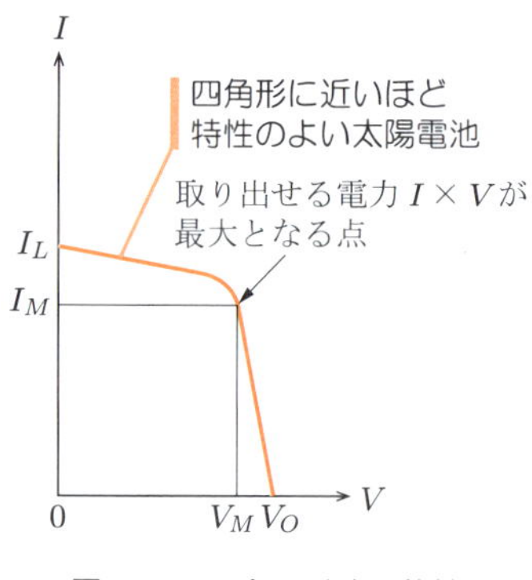

図 14.12　太陽電池の特性

例題 14.3　開放電圧 1.1 [V]，短絡電流 120 [mA]，FF 値が 85% の太陽電池の出力を求めよ．

解　式 (14.16) より，

$$V_M I_M = V_O I_L \times \mathrm{FF} = 1.1 \times 120 \times 10^{-3} \times 0.85 = 0.11\,[\mathrm{W}]$$

の出力が得られる．

14.4.3　フォトダイオード

前項で説明した太陽電池は，p-n 接合の空乏層に光を照射し，発生した伝導電子と正孔をエネルギーとして取り出すことを目的とした素子であり，素子の動作速度や出力の線形性などが問題になることはほとんどなかった．しかし，信号で変調された光

を受けて，電気信号に変えて情報を取り出すことを目的とする場合には，取り出すエネルギーの量ではなく，入力と出力との線形性や応答速度などが問題になる．このように，光から情報を取り出すことを目的とした受光素子が，フォトダイオードやフォトトランジスタとよばれる素子である．

フォトダイオードの基本的な原理や構造は太陽電池と同様であるが，線形性と応答性を改善して，高速で変化する情報を忠実に電気信号に変換できるように，設計上や使用上で種々の工夫がなされている．以下で，動作速度を改善するために用いられている手法について説明しよう．フォトダイオードの応答速度を向上させるには，光の入射によってフォトダイオードの空乏層に生じた伝導電子や正孔を素早く外部に取り出す必要がある．そのためには，空乏層内でのキャリアの移動速度を向上させればよい．キャリアの移動速度は式 (6.13) および式 (6.15) より，半導体の移動度と電界に比例することがわかる．移動度は半導体の種類と，結晶の品質で決まってしまうが，電界は外部から電圧を印加することで大きくすることが可能である．太陽電池の場合には，光照射によって生じた電子と正孔は拡散電位によって発生した電界を利用して移動させていたが，フォトダイオードでは，図 14.13 に示すように，p-n 接合に逆方向バイアス V を印加して拡散電位 V_d を $V + V_d$ へと増加させることによって空乏層内の電界を大きくし，励起された電子と価電子帯に残された正孔を高速で移動させている．

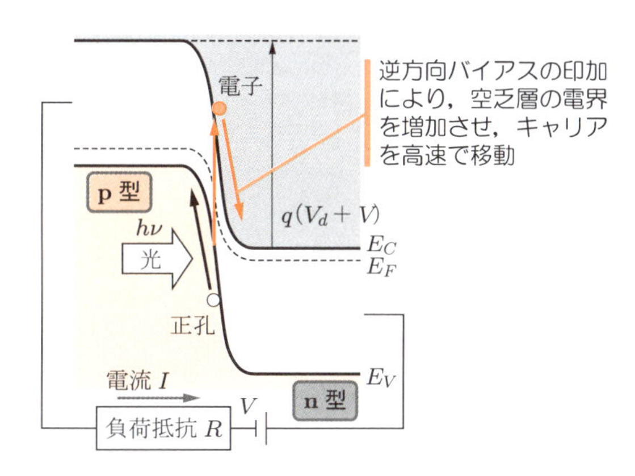

図 14.13 逆方向バイアスを印加したフォトダイオード

また，図 14.14 に示すように，p 型と n 型との間に高抵抗の真性半導体層（i 層）を形成した構造のフォトダイオードを **pin ダイオード**（pin diode）とよぶ．pin 構造では，外部から印加された電圧による電界は高抵抗の i 層にも加わるため，空乏層だけでなく，i 層内で励起された電子も高い電界で加速される．そのため，高感度で，きわめて高速での動作が可能であり，光信号の受信用に広く用いられている．

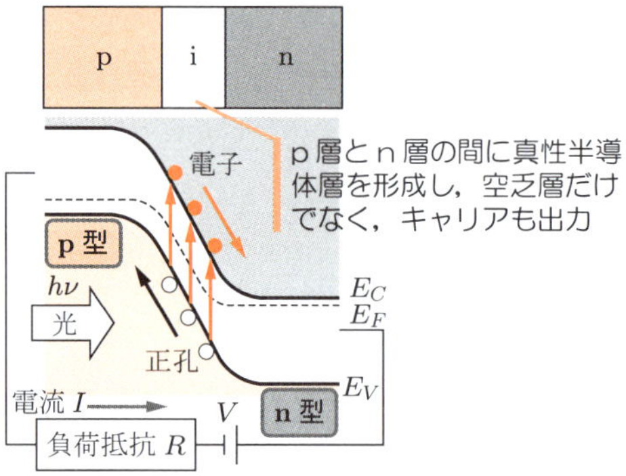

図 14.14　pin ダイオード

演習問題

[1]　シリコンのエネルギーギャップは約 1.12 [eV] である．シリコンフォトダイオードで検出できるもっとも長い波長（限界波長）を求めよ．

[2]　太陽電池の開放電圧 V_O は，p-n 接合の拡散電位よりも小さい．その理由を説明せよ．

[3]　太陽電池に流れる電流は，通常の p-n 接合ダイオードの順方向電流とは逆向きとなる．その理由を説明せよ．

第15章 パワー半導体

パワー半導体（power semiconductor）はその名の通り，大きな電力を扱う半導体全般を指す．これまで扱ってきたトランジスタやメモリなどは，数 nA から大きくても数十 mA 程度の電流を扱うのに対して，パワー半導体は数 A から数百 A やそれ以上の電流を扱う．そのため，素子の大きさや構造が小電力のものと大きく異なる．パワー半導体は主にモーターなどの制御に使われており，昨今の省エネルギー化の要求や電気自動車の普及などで，その用途は拡大の一途をたどっている．本章では，主なパワー半導体の原理や構造について学ぼう．

15.1 パワー半導体による電力制御

モーターなどの制御においては，大きな電力を扱うため，効率のよいことがきわめて重要になる．そのため，半導体による電力制御では，半導体をスイッチ（**スイッチング素子**（switching device））として用いることが一般的である．

スイッチング素子による出力制御の仕組みを図 15.1 に示す．電流をスイッチング素子で ON-OFF させて，負荷に供給する電力を制御する．制御する電力には，直流の場合と交流の場合がある．

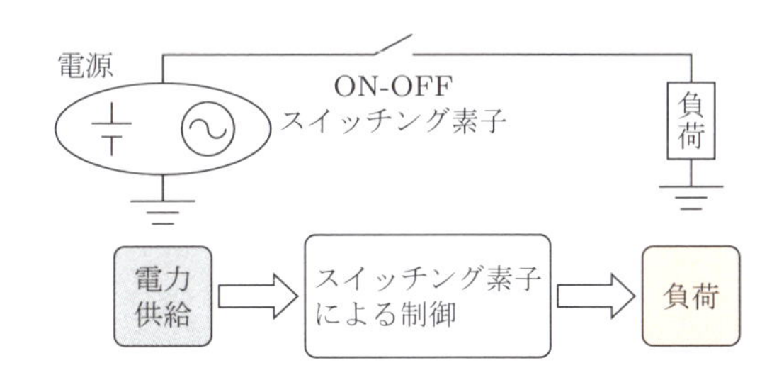

図 15.1　スイッチングによる電力制御

直流電力を制御する場合は，供給された直流を半導体素子を用いて高速で ON-OFF し，出力電力を制御する．図 15.2 にその方法を示す．直流をスイッチングして一定幅の短いパルスにして，そのパルスの頻度を制御することや，パルスの幅を制御することで，パルスの面積に比例する出力を平均電力として負荷に供給できる．

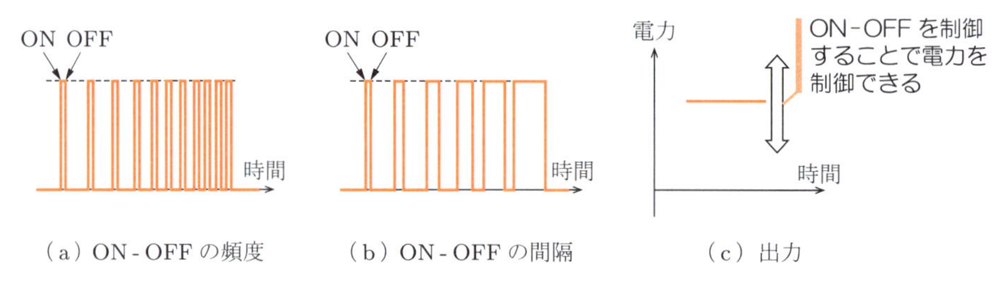

（a）ON-OFF の頻度　　（b）ON-OFF の間隔　　（c）出力

図 15.2　スイッチングによる直流の制御

交流の場合には，図 15.3 に示すように，スイッチを ON するタイミングを制御することで，負荷に供給する平均電力を制御する．この場合の平均電流 I_{out} は，

$$I_{out} = \frac{1}{T/2}\int_{ON}^{T/2} I dt \tag{15.1}$$

で求めることができる．ここで，ON はスイッチング素子が ON する位相であり，I は電流，T は周期である．

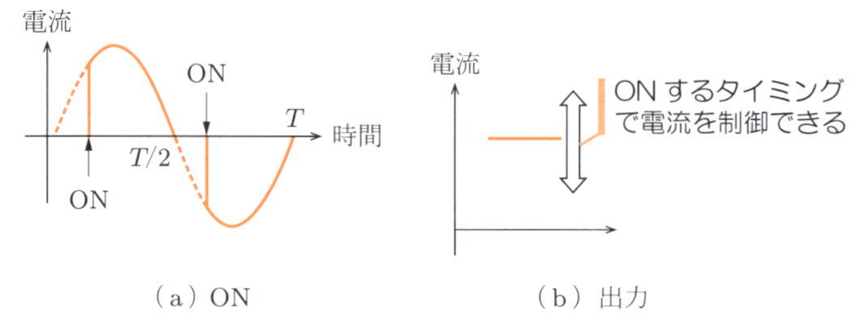

（a）ON　　（b）出力

図 15.3　スイッチングによる交流の制御

例題 15.1　$I = I_m \sin(\omega t)$ として式 (15.1) の積分を実行せよ．

解　$I = I_m \sin(\omega t)$ とすると，

$$\begin{aligned} I_{out} &= \frac{1}{T/2}\int_{ON}^{T/2} I_m \sin(\omega t) dt = \frac{2}{T} I_m \int_{ON}^{T/2} \sin(\omega t) dt \\ &= \frac{2I_m}{T}\left[-\frac{\cos(\omega t)}{\omega}\right]_{ON}^{T/2} = \frac{2I_m}{T}\left\{-\frac{\cos(\omega \cdot T/2)}{\omega} + \frac{\cos(\omega \cdot ON)}{\omega}\right\} \end{aligned}$$

$\omega T = 2\pi$ なので

$$\begin{aligned} I_{out} &= \frac{2I_m}{2\pi/\omega}\left[-\frac{\cos\{\omega \cdot (2\pi/\omega)/2\}}{\omega} + \frac{\cos(\omega \cdot ON)}{\omega}\right] \\ &= \frac{I_m}{\pi}\{-\cos\pi + \cos(\omega \cdot ON)\} = \frac{I_m}{\pi}\{1 + \cos(\omega \cdot ON)\} \end{aligned}$$

となる．

15.2 パワートランジスタとパワー MOSFET

大電力を扱うトランジスタや MOSFET を，パワートランジスタやパワー MOSFET という．最初に電力制御に用いられたのはバイポーラトランジスタである．信号増幅用のトランジスタが図 13.3 に示すように，キャリアが表面を横方向に流れるのに対して，パワートランジスタでは大電流を流す必要があるため，図 15.4 に示すようにキャリアが縦方向に流れるようにして電流の通路を広くし，電流密度が小さくなるようにしてある．また，全体のサイズも大きいものとなっている．

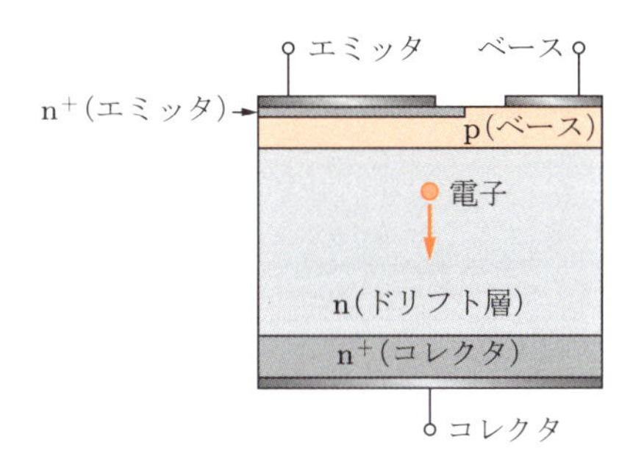

図 15.4　パワートランジスタの構造

第 13 章で学んだように，バイポーラトランジスタはエミッタから注入された少数キャリアが，薄いベース領域を越えて，逆方向バイアスを印加されたベース - コレクタ接合に到達することでコレクタに流れ込んで ON 状態となる．エミッタから注入される少数キャリアはわずかなベース電流で制御できるため，ベース電流でトランジスタを ON 状態と OFF 状態とを実現できる．

トランジスタが ON 状態になると，コレクタ - エミッタ間電圧 V_{CE} がベース - エミッタ間電圧 V_{BE} よりも低くなる**飽和領域**（saturation region）となる．すると，通常は逆方向バイアスがかかっているベース - コレクタ間も順方向バイアスとなって，キャリアがベースからコレクタにも注入される．その結果，ドリフト領域の抵抗が低くなる**伝導度変調**（conductivity modulation）状態となり，トランジスタでの損失が小さくなる．

バイポーラトランジスタと同様に，MOSFET も電力制御に用いることができる．チャンネルが表面に沿ってでき，そのなかをキャリアが流れる信号増幅用 MOSFET と異なり，パワー MOSFET もパワートランジスタ同様，図 15.5 に示すように縦型

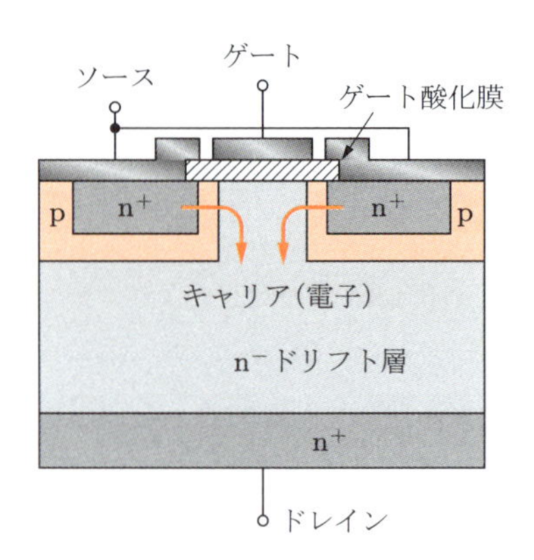

図 15.5　パワー MOSFET の構造

の構造をしており，キャリアが縦方向に流れる．縦型にすることで，チャンネル面積が大きくなり，電流密度を抑える効果を生んでいる．また，ソース - ドレイン間には厚くキャリア濃度が低いドリフト層（drift layer）を配置して，高電圧に耐えるようにしてある．

ソース - ドレイン間に順方向バイアスを印加してゲートに正の電圧を加えると，ゲート酸化膜と p 層との界面に沿って n 型反転層によるチャンネルが生じてソース - ドレイン間に電流が流れるようになり，素子は ON 状態となる．逆にゲートに負の電圧を加えると，チャンネルが消滅して電流が流れなくなり，素子は OFF 状態となる．このように，バイポーラトランジスタ同様，MOSFET も ON-OFF を自由に制御することができる．これに対して，つぎに述べるサイリスタは ON 状態から OFF 状態にすることができない．

15.3　サイリスタ

ゲート端子をもつ p-n-p-n の 4 層構造素子を，一般的に**サイリスタ**（thyristor）とよぶ．サイリスタは通常は OFF 状態で電流を通さないが，ゲート端子に信号を加えることで ON 状態にすることができる．OFF 状態から ON にすることを**ターンオン**（turn on）するといい，逆に ON 状態から OFF 状態に変わることを**ターンオフ**（turn off）するという．サイリスタは **SCR**（silicon controlled rectifier）ともよばれる．

図 15.6 にサイリスタの代表的な構造を示す．素子表面のアノードから裏面のカソードに向かって，縦方向に p-n-p-n 構造が形成されており，カソードに近い層にゲート電極が設けてある．素子が ON になると，電流はアノードからカソードに向かって縦方向に流れる．中央の n^- 層はキャリア濃度を低く，そして厚く設定してサイリスタ

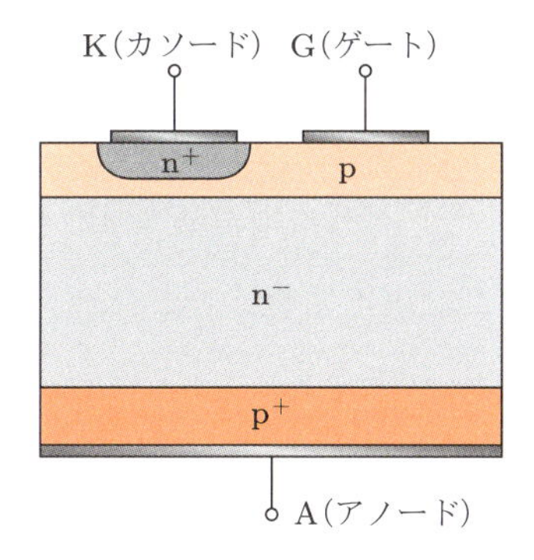

図 15.6 サイリスタの構造

が高電圧に耐えるようになっている.

サイリスタの電流 - 電圧特性を図 15.7 に示す.アノードに正,カソードに負の電位を印加すると,ゲートの p 層と n 型のドリフト層との間の接合には逆方向バイアスがかかって電流が流れず,サイリスタは OFF 状態となる.電圧が増加し,逆方向バイアスのかかっている接合の降伏電圧を超えると,電流が流れてサイリスタは ON 状態となる.ゲートに電流 I_G を加えて p 層にキャリアを注入すると,接合の両側に広がった空乏層の電界によってキャリアが加速され,接合の降伏電圧以下で ON 状態になる.これにより,ゲート電流の有無でサイリスタの ON-OFF が制御可能となる.

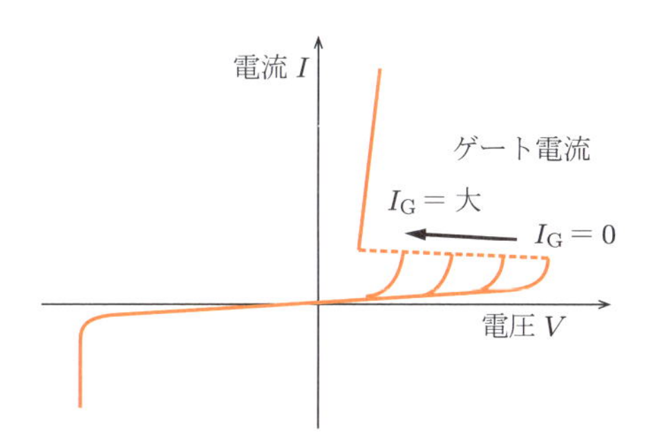

図 15.7 サイリスタの電流 - 電圧特性

サイリスタではゲートに流すわずかな電流で,逆方向バイアスを印加されている接合にアバランシェ降伏を生じさせて ON 状態にしている.そのため,一度 ON 状態になると,ゲート電圧をゼロにしてもアバランシェ降伏が続いて ON 状態が維持され,電流が流れ続ける.サイリスタをターンオフするには,アノード - カソード間に加える電圧をゼロにするか,逆方向にかけてサイリスタに流れる電流を一定値以下にしてアバランシェ降伏を止める必要がある.

この点を改良して，ゲート信号によって ON から OFF 状態にできるようにしたサイリスタがゲートターンオフ（GTO: gate turn off）サイリスタである．GTO サイリスタは基本的にはサイリスタと同様の構造をしているが，アバランシェ降伏を起こしているキャリアをゲートからすばやく取り出せるように，図 15.8 のようにカソードのまわりをゲート電極で囲むなどの工夫がなされている．

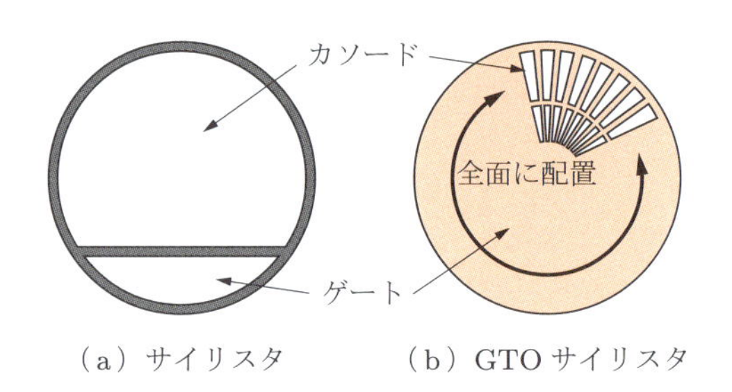

図 15.8　サイリスタと GTO サイリスタのゲートとカソードのパターン

ここで，サイリスタの動作をバイポーラトランジスタ回路を用いて調べることにする．p-n-p-n 構造をもつサイリスタを 1 次元に単純化したものを図 15.9(a) に示す．このモデルを，図 (b) のように pnp トランジスタ（Tr_1）と npn トランジスタ（Tr_2）の二つのバイポーラトランジスタに分割して考えると，図 (c) に示すように，二つのトランジスタのベースとコレクタとがたがいに接続しあった同等の回路（**等価回路**：equivalent circuit）で表すことができる．

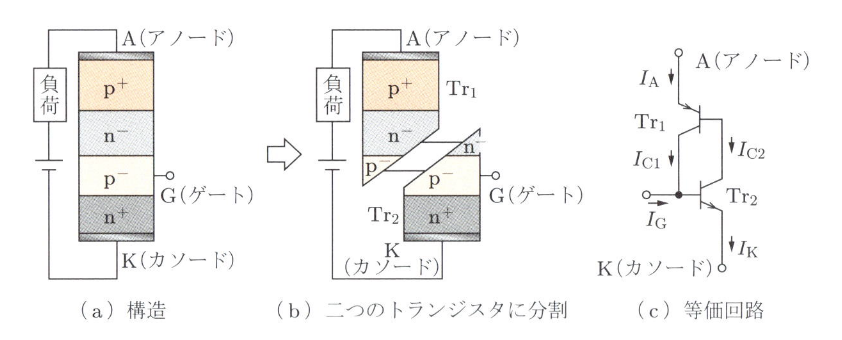

図 15.9　サイリスタの構造と等価回路

ここで，Tr_1 のコレクタ電流 I_{C1} は，

$$I_{C1} = \alpha_1 I_A + I_{CBO1} \tag{15.2}$$

となる．ここで，α_1 は Tr_1 のベース接地電流増幅率，I_{CBO1} はコレクタ遮断電流で

ある．また，全体の流入電流と流出電流は等しいため，カソード電流 I_{K} はアノード電流 I_{A} とゲート電流 I_{G} の和で表され，$I_{\mathrm{K}} = I_{\mathrm{A}} + I_{\mathrm{G}}$ が成り立つ．この関係より，Tr_2 のコレクタ電流 I_{C2} は

$$I_{\mathrm{C2}} = \alpha_2 (I_{\mathrm{A}} + I_{\mathrm{G}}) + I_{\mathrm{CBO2}} \tag{15.3}$$

となる．ここで，α_2 は Tr_2 のベース接地電流増幅率，I_{CBO2} は Tr_2 のコレクタ遮断電流である．また，I_{A} は I_{C1} と I_{C2} との和となるので，

$$I_{\mathrm{A}} = I_{\mathrm{C1}} + I_{\mathrm{C2}} = \alpha_1 I_{\mathrm{A}} + \alpha_2 (I_{\mathrm{A}} + I_{\mathrm{G}}) + I_{\mathrm{CBO1}} + I_{\mathrm{CBO2}} \tag{15.4}$$

となる．式 (15.4) を整理して I_{A} を求めると，

$$I_{\mathrm{A}} = \frac{I_{\mathrm{CBO1}} + I_{\mathrm{CBO2}} + \alpha_2 I_{\mathrm{G}}}{1 - (\alpha_1 + \alpha_2)} = \frac{I_0 + \alpha_2 I_{\mathrm{G}}}{1 - (\alpha_1 + \alpha_2)} \tag{15.5}$$

となる．ここで，$I_{\mathrm{CBO1}} + I_{\mathrm{CBO2}}$ は漏れ電流と考えられるので I_0 とした．

サイリスタが OFF 状態では二つのトランジスタのエミッタ電流が小さく，ベース接地電流増幅率も小さな値となるので，分母の $\alpha_1 + \alpha_2$ は 1 より小さな値となる．しかし，順方向電圧が逆方向バイアスに印加されている接合の降伏電圧以上になるか，もしくはゲートより電流が供給されると，二つのトランジスタのベース接地電流増幅率が増加する．その結果，$\alpha_1 + \alpha_2$ が 1 に近づいて式 (15.5) の右辺の分母が 0 に近づき，アバランシェ降伏が起こってサイリスタが ON 状態になる．

一度 ON 状態になると，たがいにベースとコレクタを繋がりあっている二つのトランジスタ間で出力をたがいに大きくしあう**正帰還**（positive feedback）がかかり，サイリスタの ON 状態が維持される．ゲート電流を 0 にし，サイリスタをターンオフするには，I_{A} を一定値以下にする必要がある．この ON 状態を維持するための最小電流を**保持電流**（holding current）という．逆に，サイリスタの OFF 状態では式 (15.5) の右辺の分子のゲート電流と漏れ電流が小さく，分母が一定値を保っている場合となる．

また，サイリスタは一方向しか電流を流せないため，直流もしくは交流の順方向成分しか制御できない．図 15.3(a)(b) に示すように交流を正負両方向で制御するためには，2 個のサイリスタを逆方向に並列接続して用いる必要がある．これを一つの素子にまとめたものが双方向サイリスタ（**トライアック**：triac）とよばれる素子であり，その構造を図 15.10 に示す．素子の左右に n-p-n-p 構造と p-n-p-n 構造とが並列になるようにつくられている．

サイリスタと GTO サイリスタ，トライアックの代表的な回路記号を図 15.11 に示す．

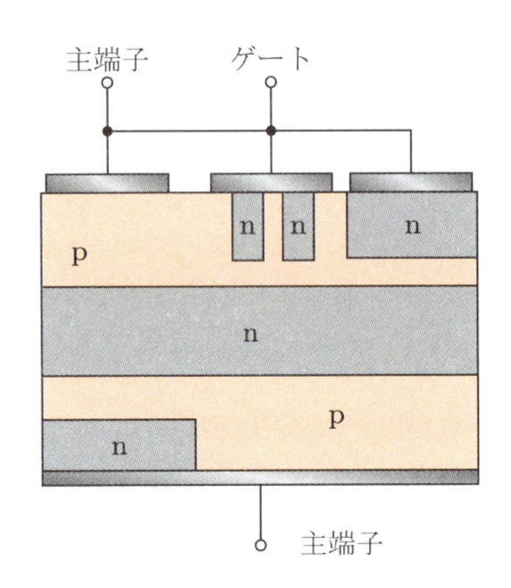

図 15.10　トライアックの構造

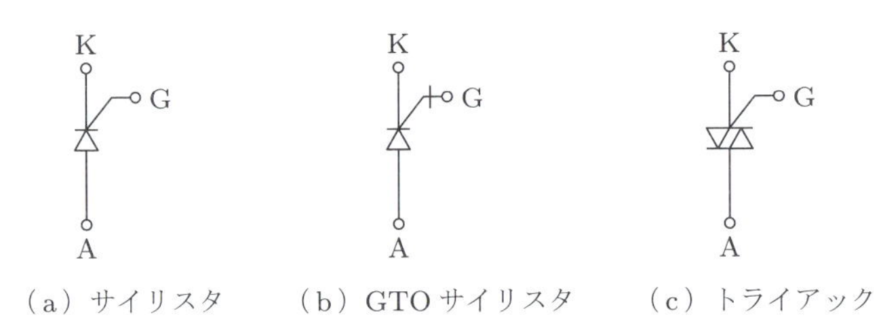

（a）サイリスタ　（b）GTO サイリスタ　（c）トライアック

図 15.11　サイリスタ，GTO サイリスタ，トライアックの回路記号構造

15.4　絶縁ゲート型バイポーラトランジスタ

バイポーラトランジスタの高耐圧，大電流特性と MOSFET の高速性をあわせもつデバイスとして，最近広く使われるようになったものに，**絶縁ゲート型バイポーラトランジスタ**（IGBT: insulated gate bipolar transistor）がある．図 15.12(a) に IGBT の構造図を示す．この図と図 15.5 に示したパワー MOSFET を比較すると，IGBT の上半分は MOSFET と同じ構造であることがわかる．また，下半分には n 型のドリフト層の下に p 型層が配置されて p-n 接合が形成されて pnp バイポーラトランジスタになっているのがわかる．MOSFET の出力が pnp トランジスタのベースに入っているので，IGBT の等価回路は図 15.12(b) のようになる．

IGBT の動作機構は MOSFET とほぼ同じである．コレクタに正，エミッタに負の電圧をかけた状態でゲートに正電圧を加えると，MOSFET と同様にゲート酸化膜と p 層との界面に n 型反転層によるチャンネルが形成される．エミッタから供給された電子は，チャンネルを通ってドリフト層に流れ，p^+ 層を経てコレクタに達する．p^+

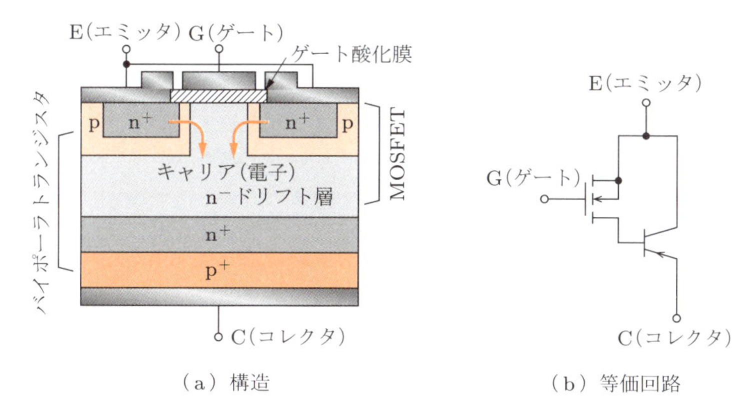

（a）構造　　（b）等価回路

図 15.12　IGBT の構造と等価回路

層から n^+ 層に供給された正孔とエミッタから流入してきた電子とが再結合することにより，電流が流れて伝導度変調が生じる．そのため，IGBT はわずかな電力で制御できるという MOSFET の特長を保ちながらバイポーラトランジスタの高速動作と低い ON 抵抗を実現しており，今後用途がさらに広がると思われる．

演習問題

[1]　図 15.13 の回路でトランジスタのベース電流を変化させて，負荷に流れる電流を制御しようとした．しかし，この回路ではエネルギー効率がきわめて悪い．その理由を説明せよ．

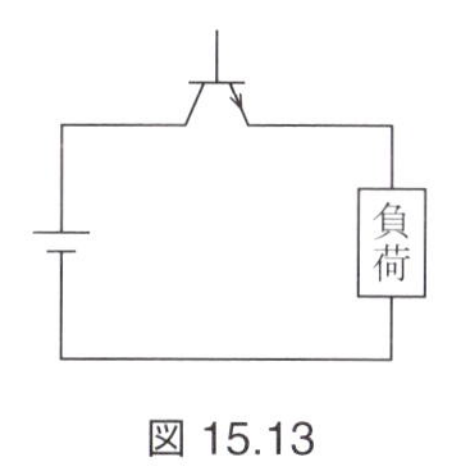

図 15.13

[2]　信号用 MOSFET と同様，パワー MOSFET にも n チャンネル MOSFET と p チャンネル MOSFET がある．p チャンネルパワー MOSFET の構造を図示せよ．

第16章 センサデバイス

自然界の状況を表すのは温度や圧力などの物理量，およびイオンの濃度といった化学量である．これらの物理量や化学量をコンピュータが処理できる電気信号に変換するのが**センサ**（sensor）である．本章では，私たちの周囲でよく用いられているセンサのなかで，電子工学に関連するものについて，その原理と仕組みを学ぼう．

16.1 センサの役割

自然界の情報には力などの物理的なものや，味などの化学的なもの，それに状況や場の雰囲気などのような人間の感性に訴えるものなどがある．センサは，これらの情報をコンピュータなどで処理できる電気信号に変換するデバイスであり，自然界とコンピュータとの間のインターフェイスの役割を担っている（図 16.1）．

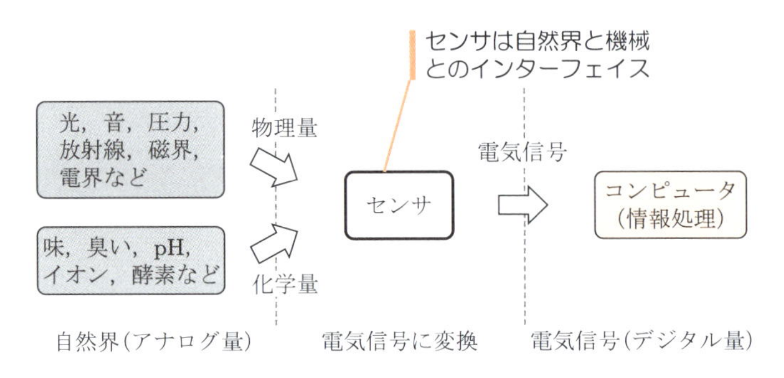

図 16.1　センサの位置付け

人間はこれら自然界の情報を，五感と呼ばれる「視覚」，「聴覚」，「触覚」，「味覚」，「嗅覚」で把握しており，これらが人間にとってのセンサの役割を担っている．この人間の五感とセンサとの対比をまとめたものを表 16.1 に示す．このなかには人間を超えたセンサがあるが，臭いセンサと嗅覚のように人間の感覚のほうが優れているものもあり，これらの分野でのセンサ開発を加速する必要がある．

センサには人間の五感に対応するもの以外にも，「放射線」や「磁界強度」など，人

表 16.1 人間の五感とセンサの対応

五感	センサデバイス
視覚	光センサ，CCD カメラ
触覚	圧力センサ
聴覚	マイクロフォン
味覚	味センサ，イオンセンサ
嗅覚	ガスセンサ，臭いセンサ

間が感じることのできないものを対象とするものもある．第 5 章で学んだホール効果は磁気センサにそのまま応用できる．また，第 14 章で学んだフォトダイオードは光センサに，そして半導体特性の温度依存性はそのまま温度センサとして利用できる．ここでは，私たちの身近に使われているセンサのなかで，電子工学と関連の深いものを取り上げることにする．

コーヒーブレイク ◯ 第六感

昔から，「第六感がひらめいた」などと普段の会話でも使われるように，五感を超える「直感」や「予感」を「第六感」とよんでいる．

五感は視覚や聴覚などの人間の感覚に対応しているが，第六感はどのような感覚に対応しているのであろうか？ 対応する実際の感覚はないが，強いて対応させると「第六感」は「錯覚」といえる．さらに第六感を超える「第七感」があるとすれば，それは「幻覚」とでもいえそうである．

16.2 半導体圧力センサ

圧力センサは，力や変位といった力学量を電気信号に変換する基本的なデバイスの一つである．シリコン結晶を特定の方向に選択的にエッチングする**異方性エッチング**（anisotropic etching）を用いて加工している．

図 16.2(a)，(b) に Si の異方性エッチングにより作製した圧力センサを示す．Si 基板の裏面から異方性エッチングにより中心部の円形の部分を数十 μm 残してエッチングし，太鼓の膜状の**ダイヤフラム**（diaphragm）を形成する．ダイヤフラム表面の中央付近および縁付近には拡散などによって圧力やひずみで抵抗値が変化する**ピエゾ抵抗**（resistance）が作成されている．

このダイヤフラムに下側から圧力を加えて，ダイヤフラムを図 16.2(c) のように変形させると，ダイヤフラムの中央付近に配置されたピエゾ抵抗素子は引っ張り応力を受け，ダイヤフラムの縁付近に配置されたピエゾ抵抗素子は，逆に圧縮応力を受ける．

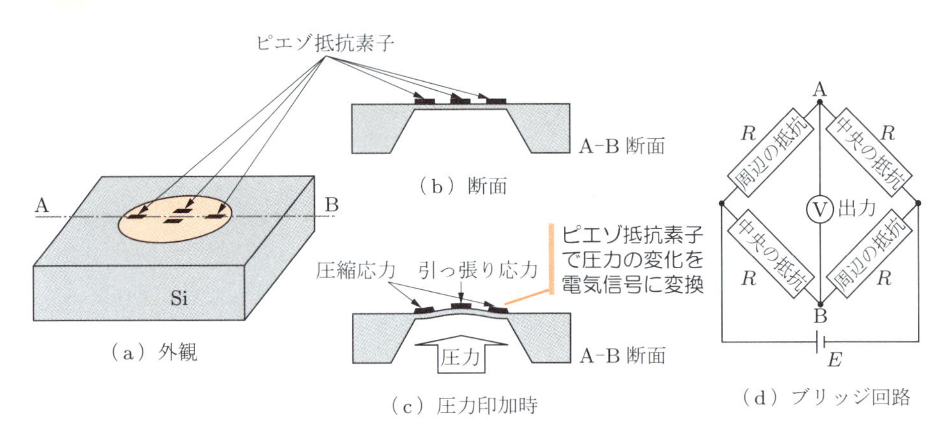

図 16.2　ピエゾ抵抗形圧力センサ

その結果，中央のピエゾ抵抗素子の抵抗は増加し，縁のピエゾ抵抗素子の抵抗は減少する．これらのピエゾ抵抗素子を中央どうし，縁どうしを対面させるようにして図 (d) に示すようなブリッジ回路を組むことにより，圧力を高感度で測定することが可能となる．

16.3　半導体加速度センサ

加速度 a は，運動方程式より物体に加わる力と物体の質量との比で，次式のように求められる．

$$a = \frac{F}{m} \tag{16.1}$$

ここで，m は物体の質量，F は物体に加わる力である．物体が弾性体で支えられている場合には，弾性体のバネ定数 k と力 F との間には，

$$F = k|x| \tag{16.2}$$

という関係が成り立つ．ここで，x は変位である．この二つの関係から，加速度 a は

$$a = \frac{F}{m} = \frac{k}{m}|x| \tag{16.3}$$

となり，変位から加速度を求めることができる．図 16.3 に半導体加速度センサの構造を示す．いま，x 方向に加速度が加わったとすると，おもりは上側に力を受けて変位する．この変位の大きさ x を適切な方法で測定することで，式 (16.3) より x 方向の加速度を求めることができる．任意の方向の加速度に対しても四つの梁にひずみセン

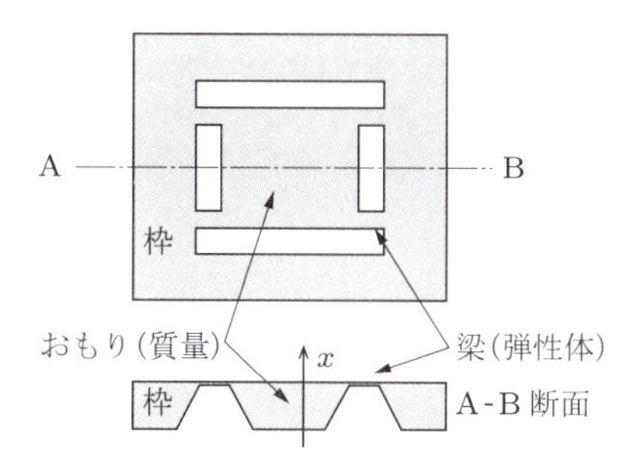

図 16.3　半導体加速度センサの構造

サを取り付けるなどにより，加速度を算出することができる．

半導体加速度センサは，家庭用ゲーム機やスマートフォンなどの加速度の検出用に広く用いられている．

16.4　半導体温度センサ（サーミスタ）

第 5 章で学んだように，半導体は温度によってキャリア密度などの性質が大きく変化するため，半導体デバイスの多くは温度によって特性が変化する．そのため，半導体デバイスをそのまま温度センサとしても用いることができるが，ここでは温度測定を目的としてつくられたサーミスタと，温度を赤外線としてとらえて人体検知に用いられている焦電センサについて学ぶことにする．

16.4.1　サーミスタ

温度による半導体の抵抗変化を用いた温度測定用の半導体素子を**サーミスタ**（thermistor）という．サーミスタには，通常の半導体と同様に温度が高くなると抵抗が減少する金属の酸化物で構成された **NTC**（negative temperature coefficient）**サーミスタ**と，温度の上昇とともに抵抗が増加するチタン酸バリウムなどの強誘電体で構成された **PTC**（positive temperature coefficient）**サーミスタ**の 2 種類がある．

NTC サーミスタはマンガン，コバルト，ニッケルなどの酸化物を焼結して電極を付けたもので，その抵抗 R は，図 16.4 に示すように，温度の増加とともに緩やかに減少し，

$$R = R_0 \exp\left(\frac{B}{T}\right) \tag{16.4}$$

で表すことができる．ここで，R_0 は比例定数，T は温度，B はサーミスタ定数とよば

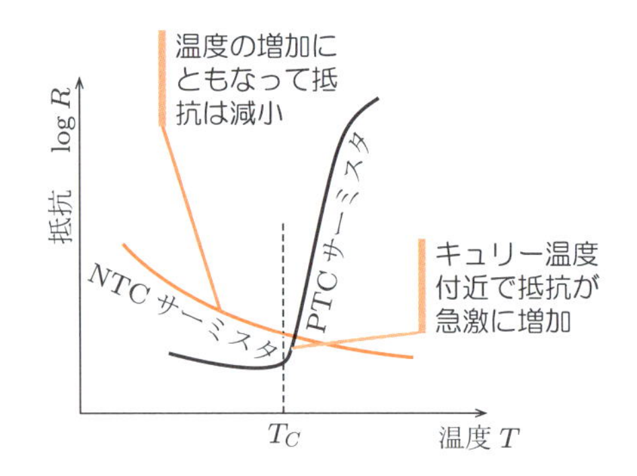

図 16.4 NTC および PTC サーミスタの特性

れる定数である．温度による R の変化を表す**抵抗温度係数**（temperature coefficeint of resistance）α は

$$\alpha = \frac{1}{R} \cdot \frac{dR}{dT} = \frac{1}{R} \cdot \left\{ R_0 \exp\left(\frac{B}{T}\right) \cdot -\frac{B}{T^2} \right\} = -\frac{B}{T^2} \tag{16.5}$$

となり，サーミスタ定数 B がサーミスタの温度特性に大きく影響することがわかる．サーミスタ定数は，サーミスタを構成する材料や焼結条件などによって決まる．

PTC サーミスタは微量の Y_2O_3 などを添加した $BaTiO_3$ などの**強誘電体**（ferroelectric）で構成されている．強誘電体は**キュリー温度**（Curie temperature）T_C で相転移を起こして抵抗が急激に増加する．キュリー温度は $BaTiO_3$ の Ba の一部を Pb などで置き換えることにより制御できる．この特性を利用して，PTC サーミスタはある設定温度以上になると電流を制限する電流制限素子として電熱製品に広く用いられている．

16.4.2 焦電センサ

強誘電体の表面に，電界を印加しなくても物質内の正負の電荷が分離する**自発分極**（spontaneous polarization）によって生じた電荷が，温度変化によって増減する現象を**焦電効果**（pyroelectric effect）という．赤外線による熱を，焦電効果による表面電荷の変化として検出する素子を**焦電センサ**（pyroelectric sensor）という．

強誘電体の自発分極 P_s は温度の上昇によって減少し，その変化は次式のように表される．

$$P_s \propto \sqrt{T_C - T} \tag{16.6}$$

ここで，T は温度，T_C はキュリー温度である．この関係から図 16.5 に示すように，

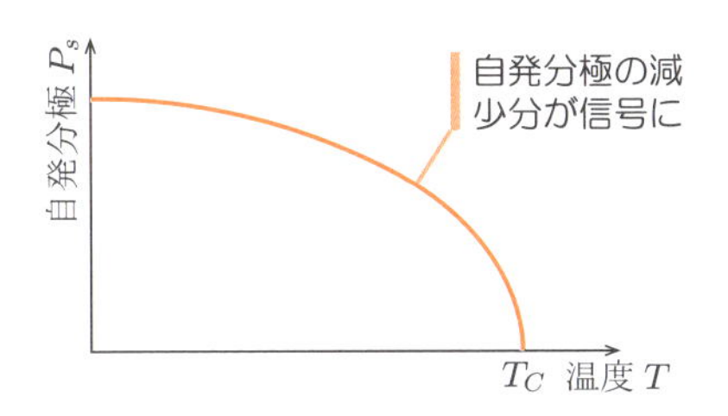

図 16.5 自発分極の温度による変化

自発分極 P_s は温度の増加とともに減少し，$T = T_C$ で 0 となる．

温度上昇によって自発分極が減少すると，それまで分極によって表面に蓄えられていた電荷が過剰となって自由に動けるようになり，電気信号として外部に取り出すことができる．この信号を検出することで赤外線の検知が可能となる．

図 16.6 に焦電センサの代表的な構造と外観，駆動回路を示す．焦電素子には Si の窓を通して赤外線が照射され†，赤外線による温度上昇で過剰となった電荷で電圧が発生する．この電圧を FET で増幅し，外部に取り出している．焦電素子は出力インピーダンスが大きいため，増幅用 FET を同一のパッケージ内に配置して，センサの出力インピーダンスを下げている．

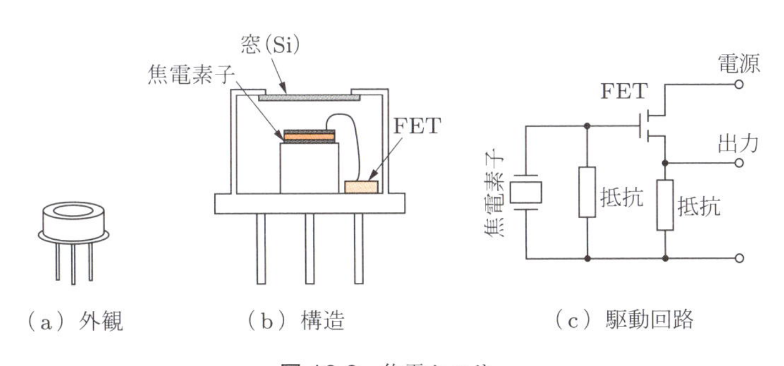

（a）外観　（b）構造　（c）駆動回路

図 16.6 焦電センサ

焦電センサは安価で信頼性も高いので，自動ドアでの人体検知，不審者の侵入検知，照明器具やエアコン機器などの制御，火災報知器のセンサなどに広く用いられている．また，光学フィルターと組み合わせることによって特定の波長域の光を検知することも可能となり，分析機器などにも使われている．

† Si は可視光領域では不透明だが，Si のエネルギーギャップよりもエネルギーの小さな赤外線領域では透明な物質である．

16.5 半導体ガスセンサ

家庭用のガス漏れ警報器用センサとして広く用いられているのが，酸化物半導体である SnO_2 で構成されている半導体ガスセンサである．このセンサは信頼性も高く，安価で堅牢などの優れた特徴をもっている．このセンサの構造を図 16.7 に示す．セラミックの基板の表面に SnO_2 の厚膜が，そして裏面にはヒーターが形成されたガスセンサが，金網を二重にした**防爆金網**（explosion proof net）で覆われたケースに配置されている．

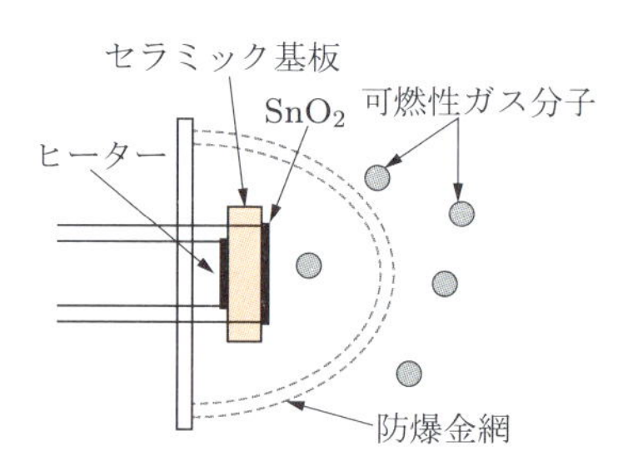

図 16.7　半導体ガスセンサの構造

SnO_2 は n 型の導電形を示す半導体で，内部には伝導電子が多数存在するが，空気中では図 16.8(a) に示すように SnO_2 表面に吸着された酸素分子によって伝導電子が捕獲され，電子が自由に動くのを妨げている．そのため，導電率は小さくなっている．

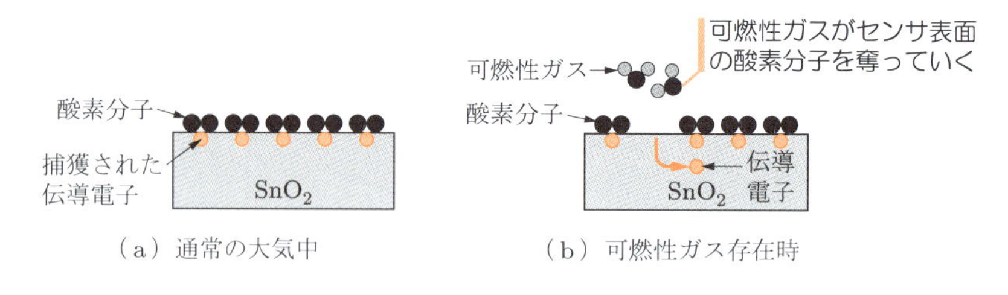

（a）通常の大気中　　（b）可燃性ガス存在時

図 16.8　半導体ガスセンサの動作原理

ここに，水素や一酸化炭素，アルコールなどの可燃性ガスがやってくると，図 16.8(b) に示すように SnO_2 表面の酸素分子は可燃性ガス分子と反応してセンサ表面から離れる．その結果，酸素に捕獲されていた伝導電子は自由に動けるようになり，導電率が増加する．この現象より，SnO_2 の導電率を監視することで可燃性ガスの有無や，センサの導電率の値からガス濃度の測定も可能となる．なお，センサ裏面のヒーターには常に一定電流が流れており，センサ表面を 200〜300℃ に保って，酸素と可燃性ガスとの反応を促進している．

16.6 磁気センサ

磁気は私達人間にとっては，目に見えない，感じることができない物理量である．磁気を検出するセンサとしてホール素子と**磁気抵抗素子**（magnetoresistive element）がある．ホール素子はすでに第 5 章で学んでいるので，ここでは磁気抵抗素子について述べることにする．

半導体に電界を加えると，半導体中のキャリアが電界に沿って移動して電流が流れる．キャリアが電子の場合を図 16.9 に示す．電子は電界 E と逆方向に力を受けて①の方向に進む．この状態で紙面に垂直な方向に磁界 B を加えると，式 (5.29) で示したように，電子は進行方向に垂直な方向に速度に比例した大きさの力を受けて円運動する．電子の速度が速くなると，原子や不純物などと衝突して速度がゼロとなる．再び電界によって加速されて衝突するという動作を繰り返して，電界 E から**ホール角**（hall angle）θ だけ傾いた②の方向に進むことになる．

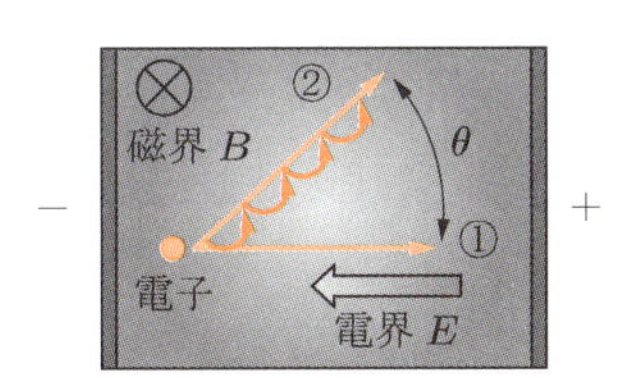

図 16.9　磁気抵抗効果

電子が電界から傾いた方向に進むことで，電界方向に進む場合に比べて長い距離を進むことになる．そのため，電流経路が長くなって電気抵抗が増加することになる．この現象を**磁気抵抗効果**（magneto-resistance effect）とよび，抵抗の増加は次式のように磁束密度 B の 2 乗に比例する．

$$\frac{\Delta R}{R_0} \propto (\mu B)^2 \tag{16.7}$$

ここで，R_0 は磁界がゼロのときの抵抗，ΔR は抵抗の変化分，μ はキャリアの移動度である．

磁気抵抗素子は磁気インクで印刷された文字やパターンの読み取りセンサ，ハードディスクドライブの読み取りの磁気ヘッド，地磁気の検出などに用いられている．

演習問題

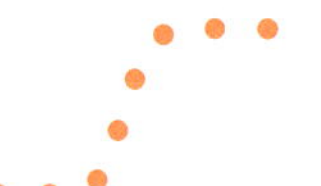

[1]　図 16.2(d) のブリッジ回路において，圧力によるひずみで周辺の抵抗が $R-\Delta R$，中央の抵抗が $R+\Delta R$ に変化した．このとき，A–B 間に現れる電位差 V_{AB} を求めよ．

[2]　人間の嗅覚に相当する「臭いセンサ」の開発が遅れている．理由を説明せよ．

[3]　半導体ガスセンサの周囲の圧力を減じると，センサの特性はどのように変化するかを説明せよ．

第17章 ディスプレイデバイス

ディスプレイデバイスは，映像の表示機器としての側面と，パソコンのディスプレイのような機械と人間とのインターフェイスの側面とをもっている．従来，この分野では，真空管の一種である**ブラウン管**の独壇場であったが，液晶ディスプレイやプラズマディスプレイの普及により，主役の場を急速に明け渡しつつある．本章では，現在広く使われていたディスプレイデバイスである液晶デバイスと，一時期に使われていたプラズマディスプレイデバイス，開発が進んで徐々に普及してきた有機 EL ディスプレイデバイスを理解しよう．

17.1 液晶ディスプレイデバイス

17.1.1 液晶と表示の原理

液晶ディスプレイ（LCD: liquid crystal display）は，偏光板（polarizing plate）と，光の波面を制御する**液晶セル**（liquid crystal cell）を使って光を ON-OFF する，一種の**光シャッター**（light shutter）で構成されている．図 17.1 にその仕組みを示す．**バックライト**（backlight）から発せられた光は，偏光板 A によって直線偏光となり，液晶セルを通過する間に波面が 90° 曲げられる．その結果，光は偏光板 A と直角方向に透過面をもつ偏光板 B を通過できる．しかし，液晶セルに電圧が印加されると，それまで 90° 曲げられていた波面が，そのまま回転せずに偏光板 B に入射するため，光は透過しなくなる．この作用により，液晶セルは光シャッターとして動作する．つぎ

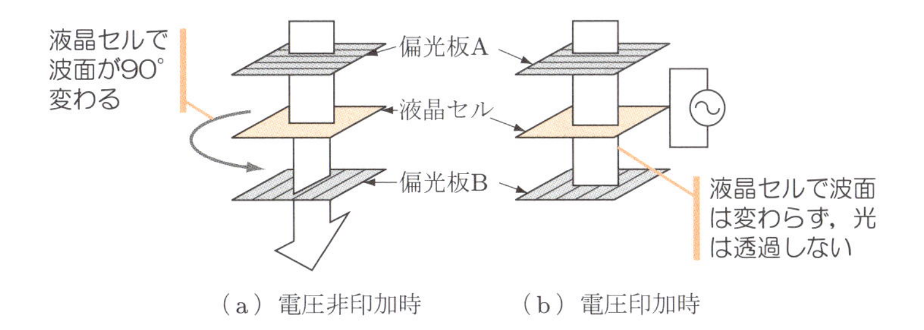

図 17.1　液晶セルによる光シャッター

に，その心臓部である液晶セルについてみてみよう．

17.1.2 液晶セルの構造

液晶セルの構造を図17.2に示す．細長い液晶分子は，ガラスの近傍ではガラスにつくられた細い溝に沿って配列している．上下のガラスの溝が90°ずれるように配置しておくと，液晶分子はガラスの近くでは溝に沿って配列しているが，ガラスから離れるにしたがって，図(a)に示すように徐々にずれて，上下のガラスの間で緩やかに回転しながら90°ずれることになる．上のガラス板の溝方向に偏光した光を上方から入射すると，光の波面も液晶分子のねじれにそって徐々に回転し，下のガラス面に達すると，液晶分子の配列と同様に90°回転する．

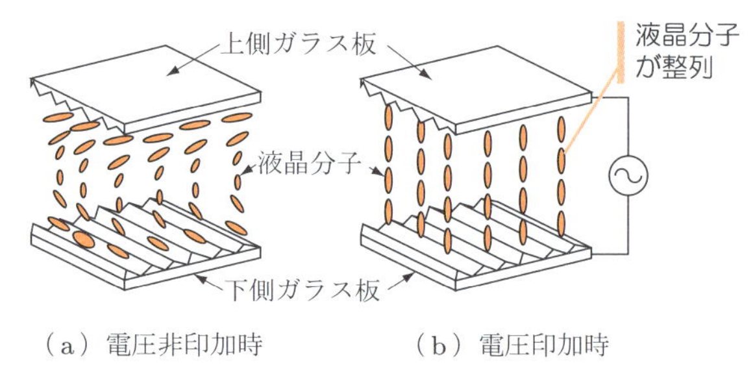

図17.2　液晶セル内の分子

液晶分子は細長い形状をもっており，電気的には長軸方向に分極している．そのため，図17.2(b)のように液晶セルの上下方向に電界を印加すると，細長い液晶分子が電界に沿って縦方向に整列する．液晶分子が縦に整列した結果，それまで液晶分子によって90°回転していた入射光は，回転せずにそのまま液晶セルを通過することになる．このように，液晶セルへの電圧印加の有無で入射した偏光の波面を90°回転させたり，そのまま通過させたりできることがわかる．この機構と2枚の偏光板を組み合わせることで，図17.1で述べたような光シャッターを構成することが可能となる．

17.1.3 液晶ディスプレイの構造とカラー表示

図17.3に液晶ディスプレイの構造を示す．液晶セルの上下には液晶に電界を印加する駆動用電極が配置され，その上下に，通過する波面が90°ずれている偏光板がある．図には示してないが，図の下部にはバックライトが配置されている．実際の液晶には，この図に示したもの以外に，駆動用の**薄膜トランジスタ**（thin film transistor）などが加わり，より複雑な構造になっている．

ディスプレイに画像を表示するときの最小の点を**画素**（pixel）とよぶ．カラー表示

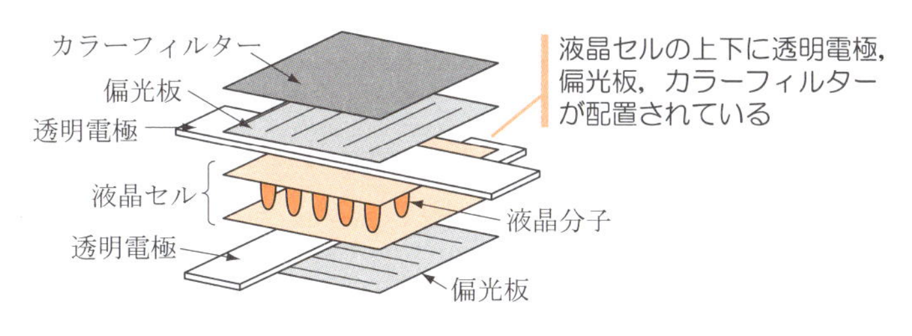

図 17.3 液晶ディスプレイの構造

が可能な液晶ディスプレイの画素は，図 17.4 に示すように，光の三原色である赤（R），緑（G），青（B）のカラーフィルターをもつ三つの液晶セルで構成されている．三原色のフィルターに入る光を，それぞれ液晶セルの光シャッターで ON-OFF することで各画素をカラー化し，画像のカラー表示を実現している．

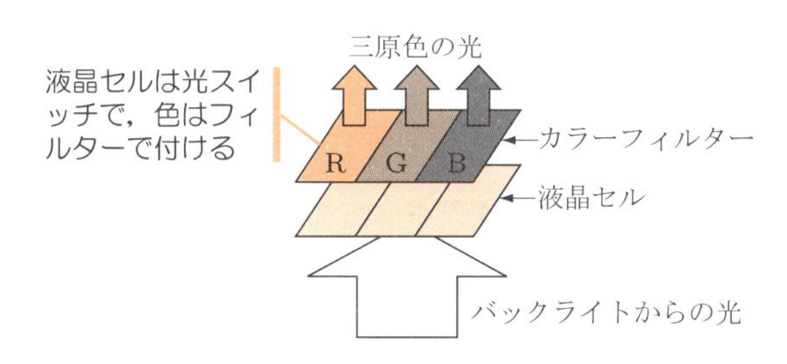

図 17.4 液晶によるカラー表示の原理

プラス α 偏光板の仕組み

液晶ディスプレイに使われている偏光板は樹脂製のフィルムでできている．ポリビニルアルコール（PVA）などの樹脂に有機染料を混ぜてシート状にし，一方向に引き伸ばすと，細かいストライプ状の濃淡模様ができる．このシートに光が入射すると，電界の振動方向がストライプと平行な光は透過するが，平行からずれていくと徐々に透過率が減少し，垂直になるとほとんど透過しなくなり，偏光板としてはたらく．このような偏光板は，安価で大きな面積のものがつくりやすいという利点があるが，偏光の度合いは高くない．計測などで良好な偏光を得るためには，**偏光プリズム**（polarization prism）を用いる．

17.2 プラズマディスプレイ

蛍光体を含む空間でプラズマ放電をさせて，蛍光体を励起して発光させるディスプレイを**プラズマディスプレイ**（PDP: plasma display panel）とよんでおり，液晶についで，薄型テレビに応用されている．プラズマディスプレイの画素は，図 17.5 に示すように，二枚のガラス板の間に三原色を発する蛍光体で囲まれた小さな空間で形成され，この空間に希ガスなどを封じ込めてある．この小さな空間の上下に，ディスプレイ前面には誘電体層を介して光を通す透明電極を，背面には誘電体層を介して金属電極が形成されている．この電極間に電圧を印加することで希ガス中に放電を生じさせて，放電で発生した紫外線で蛍光体を励起して発光させている．

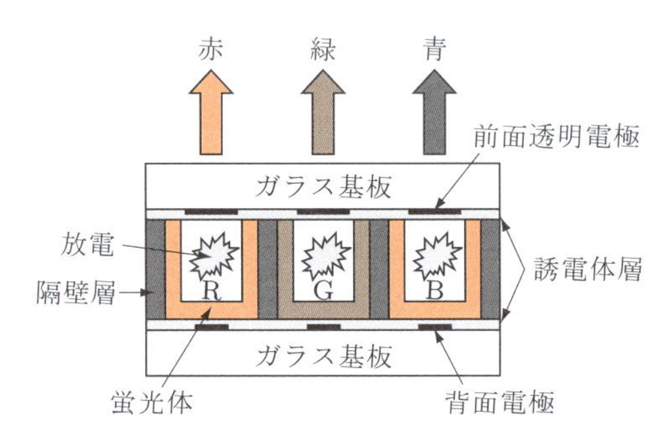

図 17.5　プラズマディスプレイの構造

プラズマディスプレイは，液晶と異なり蛍光体自身が発光するため，輝度が高く視野角が広い，応答速度が速い，色純度がよいなど多くの利点をもっている．液晶ディスプレイに比べて大型化が容易ということもあって，大型平面テレビに好んで用いられたが，液晶ディスプレイの大型化やつぎに述べる有機 EL ディスプレイの進歩などによって，いまでほとんど使われなくなった．

17.3　有機 EL ディスプレイ

EL は**エレクトロルミネッセンス**（electroluminescence）の略であり，EL ディスプレイとは，電界により発光する物質を用いたディスプレイを指す．古くは ZnS を発光材料に用いた無機 EL ディスプレイが盛んに研究され，一部で実用化された．しかし，カラー化が難しいことや，駆動電圧が高く発光効率も低いなどの問題があり，広く普及するまでには至らなかった．これに対して，ここで述べる**有機 EL ディスプレイ**（organic electroluminescence display）は，薄型テレビや携帯電話に応用されるなど，無機 EL ディスプレイに比べて広く使われ始めている．

図 17.6 に有機 EL ディスプレイの画素の構造を示す．発光体を電極で挟んで，発光体に電界を印加して発光させている．透明電極を形成したガラス基板に三原色の発光体であるジアミン類などの有機物薄膜を形成する．そして，その上から金属電極を形成することで，カラー表示が可能な有機 EL の一つの画素ができ上がる．この透明電

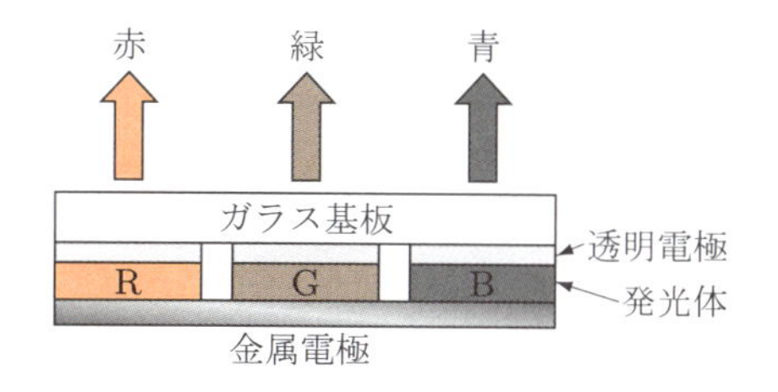

図 17.6 有機 EL ディスプレイの構造

極と金属電極との間に 5～10 [V] の比較的低い直流電圧を印加することで発光する.

有機 EL ディスプレイは液晶ディスプレイと異なり，プラズマディスプレイと同様に発光体自体が光るため，バックライトが不要で輝度やコントラストが高く，斜め方向からも正面から見たのと同様に見えるなど，視認性がよい．また，低消費電力で応答速度も速いなど，多くの優れた特徴をもつ．構造が簡単できわめて薄く軽くでき，そのうえ柔らかい素材上に形成することで，折り曲げ可能なディスプレイも実現できることから，今後スマートフォンや薄型テレビに留まらず，さまざまな分野で需要が伸びていくものと思われる.

コーヒーブレイク◯ 大型ディスプレイの技術

液晶ディスプレイや有機 EL ディスプレイでは，集積回路と同様の微細加工技術が要求される．しかし，集積回路の大きさがせいぜい 20 mm 角程度なのに対して，ディスプレイでは 50 インチを超えるものもある．集積回路で 20 mm 程度の面積を微細加工するのと，50 インチもの巨大なディスプレイの端から端まで高精度で微細加工する場合とは，要求される技術がおのずと異なってくる．また，パネルのガラス基板にも，通常では考えられないほどの精度が要求されるなど，大型ディスプレイの製造には，集積回路とは異なった多くの新しい技術が必要である.

演習問題

[1] パソコンの画面表示に必要な画素数を，解像度ごとに求めよ.

[2] 液晶ディスプレイの視野角が，プラズマディスプレイや有機 EL ディスプレイよりも小さい理由を説明せよ.

演習問題解答

第1章

[1] 偏向電極の出口で 30° 曲がった方向に出射するためには，出射時の垂直方向の速度 v_y が

$$v_y = \frac{v_x}{\sqrt{3}} = \frac{1.5 \times 10^4}{1.732} = 8.7 \times 10^3 \,[\mathrm{m/s}]$$

でなければならない．この速度 v_y を得るために必要な電圧は，式 (1.4) より，

$$V = \frac{v_y dm}{qt} = \frac{v_y dm}{q(l/v_x)} = \frac{8.7 \times 10^3 \times 2 \times 10^{-2} \times 9.11 \times 10^{-31}}{1.6 \times 10^{-19} \times (3 \times 10^{-2}/1.5 \times 10^4)} = 4.9 \times 10^{-4} \,[\mathrm{V}]$$

となる．

[2] 式 (1.16) より，電子のド・ブロイ波長を求めると，つぎのようになる．

$$\lambda = \frac{h}{p} = \frac{h}{\sqrt{2meV}} = \frac{6.6 \times 10^{-34}}{\sqrt{2 \times 9.11 \times 10^{-31} \times 1.602 \times 10^{-19} \times 200 \times 10^3}}$$
$$= 2.7 \times 10^{-12} \,[\mathrm{m}]$$

[3] 軌道半径は 1 [m]，電子の速度は $v = 0.8c$ なので，この値を式 (1.11) に代入して磁界の大きさを求めると，つぎのようになる．

$$B = \frac{mv}{qR} = \frac{9.11 \times 10^{-31} \times 0.8 \times 3 \times 10^8}{1.6 \times 10^{-19} \times 1} = 1.4 \times 10^{-3} \,[\mathrm{T}]$$

[4] 式 (1.17) を用いて電子の質量を求めると，つぎのようになる．

$$m = \frac{9.11 \times 10^{-31}}{\sqrt{1 - (0.99 \times c/c)^2}} = 6.5 \times 10^{-30} \,[\mathrm{kg}]$$

第2章

[1] 遠心力とクーロン力は等しいので，どちらかを求めればよい．クーロン力 F_C を求めると，$n = 1$ として，つぎのようになる．

$$F_C = \frac{q^2}{4\pi\varepsilon_0 r^2} = \frac{\left(1.602 \times 10^{-19}\right)^2}{4 \times 3.14 \times 8.85 \times 10^{-12} \times (0.529 \times 10^{-10})^2} = 8.25 \times 10^{-8} \,[\mathrm{N}]$$

[2] 式 (2.3) で $n = 1$ とすると，電子の速度は，つぎのように求められる．

$$v = \frac{h}{2\pi rm} = \frac{6.6 \times 10^{-34}}{2 \times 3.14 \times 0.529 \times 10^{-10} \times 9.11 \times 10^{-31}} = 2.18 \times 10^6 \,[\mathrm{m/s}]$$

[3] 式 (2.14) で真空準位（$n = \infty$）と $n = 1$ の準位のエネルギー差を求めると，

$$E_\infty - E_1 = -\frac{mq^4}{8\varepsilon_0^2 h^2}\left(\frac{1}{\infty^2} - \frac{1}{1^2}\right) = \frac{9.11 \times 10^{-31} \times \left(1.6 \times 10^{-19}\right)^4}{8 \times (8.85 \times 10^{-12})^2 \times (6.6 \times 10^{-34})^2}$$
$$= 2.18 \times 10^{-18} \,[\mathrm{J}] = 13.6 \,[\mathrm{eV}]$$

となる．

[4] ボーアの仮説 1 は，$rmv = (h/2\pi)n$ である．これを変形するとつぎのようになる．

$$2\pi r = \frac{h}{mv}n = \frac{h}{p}n = n\lambda$$

この式の左辺は電子軌道の円周の長さであり，右辺は波長の整数倍となっている．このことから，ボーアの仮説 1 は電子波が軌道上で定在波となる条件であることがわかる．

[5] バルマー系列は式 (2.16) で $j = 2$ であるから，式 (2.16) に $i = 3, 4, 5, 6$ を代入すると，$i = 3$ では

$$\frac{1}{\lambda} = \frac{mq^4}{8\varepsilon_0^2 h^3 c}\left(\frac{1}{j^2} - \frac{1}{i^2}\right)$$

$$= \frac{9.11 \times 10^{-31} \times \left(1.60 \times 10^{-19}\right)^4}{8 \times (8.85 \times 10^{-12})^2 \times (6.6 \times 10^{-34})^3 \times 3 \times 10^8}\left(\frac{1}{2^2} - \frac{1}{3^2}\right) = 1.5 \times 10^6\,[\mathrm{m}^{-1}]$$

$$\lambda = 6.5 \times 10^{-7}\,[\mathrm{m}]$$

となる．同様に，$i = 4$ では $4.8 \times 10^{-7}\,[\mathrm{m}]$，$i = 5$ では $4.3 \times 10^{-7}\,[\mathrm{m}]$，$i = 6$ では $4.1 \times 10^{-7}\,[\mathrm{m}]$ となる．

第 3 章

[1] 式 (3.2) を代入する準備として，式 (3.2) を x および t で 2 回微分すると，

$$\frac{\partial^2 \psi(x,t)}{\partial x^2} = \exp(-i\omega t)\frac{d^2\varphi(x)}{dx^2}$$

$$\frac{\partial \psi(x,t)}{\partial t} = -i\omega\varphi(x)\exp(-i\omega t)$$

$$\frac{\partial^2 \psi(x,t)}{\partial t^2} = -\omega^2\varphi(x)\exp(-i\omega t) = -\omega^2\psi(x,t)$$

となる．これらを式 (3.1) に代入すると，以下のようにして式 (3.4) が導かれる．

$$\exp(-i\omega t)\frac{d^2\varphi(x)}{dx^2} = \frac{1}{v^2}\left\{-\omega^2\varphi(x)\exp(-i\omega t)\right\}$$

$$\frac{d^2\varphi(x)}{dx^2} = -\frac{\omega^2}{v^2}\varphi(x) = -\frac{(2\pi\nu)^2}{(\lambda\nu)^2}\varphi(x) = -\left(\frac{2\pi}{\lambda}\right)^2\varphi(x)$$

$$\therefore \quad \frac{d^2\varphi(x)}{dx^2} + \left(\frac{2\pi}{\lambda}\right)^2\varphi(x) = 0$$

[2] 式 (3.6) を式 (3.5) に代入するために，式 (3.6) を x で 2 回微分する．

$$\frac{d\varphi(x)}{dx} = ikA\exp(ikx) - ikB\exp(-ikx)$$

$$\frac{d^2\varphi(x)}{dx^2} = -k^2\exp(ikx) - k^2B\exp(-ikx)$$

$$= -k^2\left\{\exp(ikx) - B\exp(-ikx)\right\} = -k^2\varphi(x)$$

この式を書き換えるとつぎのようになる．

$$\frac{d^2\varphi(x)}{dx^2}+k^2\varphi(x)=0$$

これは式 (3.5) と等しい．したがって，式 (3.6) が式 (3.5) の解であることが示される．

[3] ゾンマーフェルトのモデルでは，ポテンシャルエネルギーが無限大のところには電子が存在できないので，$x=0$ および $x=L$ で波動関数を 0 とした．$x=0$ と $x=L$ でポテンシャルエネルギーが有限の値であるならば，電子がある確率で存在できることになり，波動関数も有限の値をもつことになる．その結果，波動関数は障壁のなかへしみ出すように伸びていくことになる．この様子を解図 3.1 に示す．

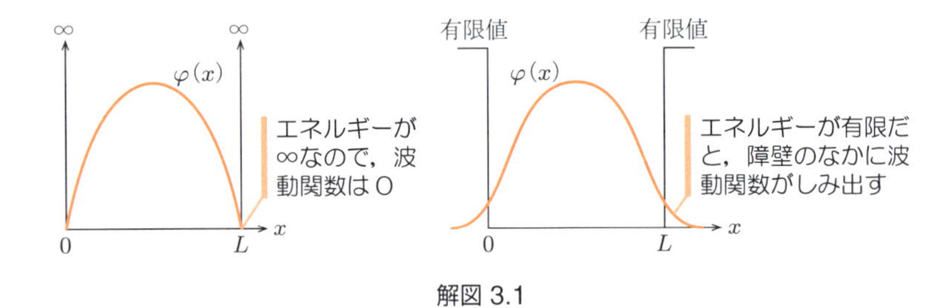

解図 3.1

[4] 式 (3.19) に $n=1$，$L=3\times10^{-9}$ を代入すると，

$$E_1=\frac{n^2h^2}{8mL^2}=\frac{\left(6.6\times10^{-34}\right)^2}{8\times9.11\times10^{-31}\times(3\times10^{-9})^2}=6.6\times10^{-21}\ [\mathrm{J}]$$

となる．同様に，$n=2$ では $E_2=2.7\times10^{-20}$ [J]，$n=3$ では $E_3=6.0\times10^{-20}$ [J]，$n=4$ では $E_4=1.8\times10^{-19}$ [J] となる．

[5] 演習問題 [4] と同様に，$n=1$ では $E_1=6.0\times10^{-34}$ [J]，$n=2$ では $E_2=2.4\times10^{-33}$ [J] となり，その差は $E_2-E_1=1.8\times10^{-33}$ [J] ときわめて小さくなる．このことから，L が大きいと電子のエネルギーは連続と見なせることがわかる．

第 4 章

[1] 光がシリコンに吸収されるには，光のエネルギーがエネルギーギャップ以上，すなわち，$h\nu=h(c/\lambda)\geq E_g$ でなければならないので，$hc/\lambda=6.6\times10^{-34}\times(3\times10^8)/\lambda\geq1.1\times1.6\times10^{-19}$ となり，$\lambda\leq1.1\times10^{-6}$ [m] となる．

同様に，GaAs では $hc/\lambda=6.6\times10^{-34}\times(3\times10^8)/\lambda\geq1.42\times1.6\times10^{-19}$ となり，$\lambda\leq0.87\times10^{-6}$ [m] となる．

[2] ドナーが $+q$ に帯電し，電子が $-q$ の電荷をもつので，第 2 章で説明したボーアのモデルと同様に考えられる．異なるのは，誘電率が真空の誘電率ではなく，比誘電率が 12 の媒質中であることである．式 (2.8) に比誘電率 12，$n=1$ を入れて軌道半径を計算すると，

$$r=\frac{\varepsilon h^2}{\pi mq^2}n^2=\frac{12\times8.85\times10^{-12}\times\left(6.6\times10^{-34}\right)^2}{3.14\times9.11\times10^{-31}\times(1.6\times10^{-19})^2}\times1^2=6.3\times10^{-10}\ [\mathrm{m}]$$

となり，水素原子の場合の約 12 倍の大きさの半径で，緩やかにドナーに縛られて電子が周

回軌道上を運動していることがわかる．

[3] ボーアのモデルと同様に考えられるので，式 (2.14) で比誘電率を 12 として $n=\infty$ のエネルギーと $n=1$ のエネルギーとの差を求めると，つぎのようになる．

$$E_\infty - E_1 = -\frac{mq^4}{8\varepsilon_0^2\varepsilon_s^2 h^2}\left(\frac{1}{\infty^2}-\frac{1}{1^2}\right)$$
$$= \frac{9.11\times10^{-31}\times\left(1.6\times10^{-19}\right)^4}{8\times(12\times8.85\times10^{-12})^2\times(6.6\times10^{-34})^2}$$
$$= 1.5\times10^{-20}\,[\mathrm{J}] = 0.094\,[\mathrm{eV}]$$

第 5 章

[1] 表計算ソフトを用いて，$E_F=1$，E の間隔を 0.01 として $f(E)$ を計算した．その結果を解図 5.1 に示す．各自計算してみよう．

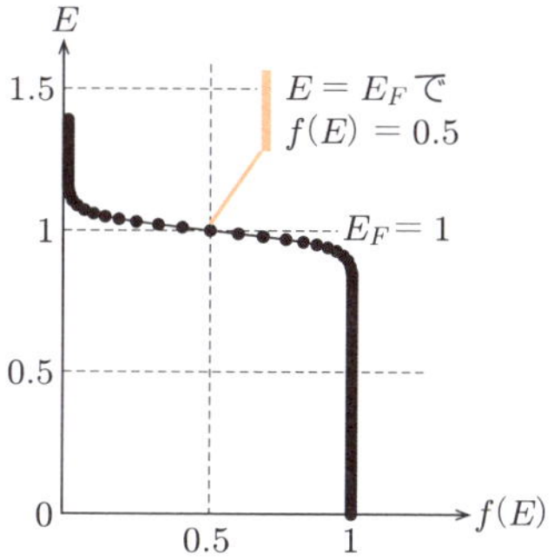

解図 5.1　フェルミ - ディラック分布関数

[2] 有効状態密度は，式 (5.17) より，つぎのようになる．

$$N_C = 2\left(\frac{2\pi m_\mathrm{n}^* kT}{h^2}\right)^{3/2}$$
$$= 2\times\left\{\frac{2\times3.14\times0.4\times9.11\times10^{-31}\times1.38\times10^{-23}\times300}{(6.6\times10^{-34})^2}\right\}^{3/2}$$
$$= 6.2\times10^{24}\,[\mathrm{m}^{-3}]$$

[3] $pn = n_\mathrm{i}^2 = \left(1\times10^{16}\right)^2$，$n = 5\times10^{21}\,[\mathrm{m}^{-3}]$ より，$p = 2\times10^{10}\,[\mathrm{m}^{-3}]$ となる．

[4] $\dfrac{E_C+E_V}{2}+\dfrac{kT}{2}\ln\dfrac{m_\mathrm{p}^*}{m_\mathrm{n}^*}$ の第 1 項は数 eV のオーダーであるのに対し，第 2 項で m_p^* が m_n^* の 2 倍とすると，第 2 項は $\dfrac{kT}{2}\ln\dfrac{m_\mathrm{p}^*}{m_\mathrm{n}^*} = \dfrac{1.38\times10^{-23}\times300}{2}\ln 2 = 1.43\times10^{-21}\,[\mathrm{J}] = 8.97\times10^{-3}\,[\mathrm{eV}]$ となり，第 1 項よりも 2 桁以上小さく，無視できる．

[5] 式 (5.30) より，

$$qp = i\times\frac{B}{E} = \frac{10\times10^{-3}}{5\times10^{-3}\times20\times10^{-6}}\times\frac{3}{500\times10^{-3}/5\times10^{-3}} = 3\times10^3$$

となり，ホール定数は

$$R_H = \frac{1}{qp} = \frac{1}{3\times10^3} = 3.3\times10^{-4}$$

と求められる．また，正孔密度はつぎのようになる．

$$p = \frac{1}{qR_H} = \frac{1}{1.6\times10^{-19}\times3.3\times10^{-4}} = 1.9\times10^{22}[\mathrm{m}^{-3}]$$

第6章

[1] キャリアの移動は，結晶内の不純物や欠陥などによって妨げられる．主なものには，転位や格子間原子などの欠陥，中性化もしくはイオン化した不純物などがあげられる．

[2] 式 (6.13) より，

$$\bar{v} = -\mu_{\mathrm{n}} E = -0.15 \times \frac{6}{5 \times 10^{-3}} = -180\,[\mathrm{m/s}]$$

となり，電界と反対方向に 180 [m/s] で運動する．

[3] 式 (6.14) より，つぎのように求められる．

$$\tau_d = \frac{\mu_{\mathrm{n}} m_{\mathrm{n}}^*}{q} = \frac{1.5 \times 0.2 \times 9.11 \times 10^{-31}}{1.6 \times 10^{-19}} = 1.7 \times 10^{-12}\,[\mathrm{s}]$$

[4] 演習問題［3］と同様に，つぎのように求められる．

$$\tau_d = \frac{\mu_{\mathrm{p}} m_{\mathrm{p}}^*}{q} = \frac{0.3 \times 0.5 \times 9.11 \times 10^{-31}}{1.6 \times 10^{-19}} = 8.5 \times 10^{-13}\,[\mathrm{s}]$$

第7章

[1] $\dfrac{dp}{dt} = -\dfrac{p(t) - p_0}{\tau_{\mathrm{p}}}$ を変形して $\dfrac{dp}{p(t) - p_0} = -\dfrac{1}{\tau_{\mathrm{p}}} dt$ として積分を行うと，

$$\ln\{p(t) - p_0\} = -\frac{t}{\tau_{\mathrm{p}}} + C$$

$$p(t) - p_0 = \exp C \exp\left(-\frac{t}{\tau_{\mathrm{p}}}\right) = \Delta p(t)$$

ここで，式 (7.30) より，$t = 0$ で $\Delta p(0) = G_L \tau_{\mathrm{p}}$ であるので，$\exp C = G_L \tau_{\mathrm{p}}$ となり，つぎのようになる．

$$\Delta p(t) = p(t) - p_0 = G_L \tau_{\mathrm{p}} \exp\left(-\frac{t}{\tau_{\mathrm{p}}}\right)$$

[2] $\Delta n(0) = 6 \times 10^{17} = G_L \tau_{\mathrm{n}}$ となるので，式 (7.31) より，つぎのようになる．

$$\Delta n(t) = G_L \tau_{\mathrm{n}} \exp\left(-\frac{t}{\tau_{\mathrm{n}}}\right) = 6 \times 10^{17} \times \exp\left(-\frac{100 \times 10^{-6}}{20 \times 10^{-6}}\right) = 4.0 \times 10^{15}\,[\mathrm{cm}^{-3}]$$

[3] 式 (7.36) は定常状態では $\partial p/\partial t = 0$ なので，

$$D_{\mathrm{p}} \frac{\partial^2 p}{\partial x^2} - \frac{p - p_0}{\tau_{\mathrm{p}}} = 0$$

となる．この方程式の一般解は，C_1, C_2 を定数として

$$p - p_0 = C_1 \exp\left(-\frac{x}{L_{\mathrm{p}}}\right) + C_2 \exp\left(\frac{x}{L_{\mathrm{p}}}\right)$$

となる．$x = \infty$ で $\Delta p = p - p_0 = 0$ でなければならないので，$C_2 = 0$ となる．また，$x = 0$ で $p = p(0) - p_0$ なので，$C_1 = p(0) - p_0$ となる．これより，

$$\Delta p = p - p_0 = \{p(0) - p_0\} \exp\left(-\frac{x}{L_{\mathrm{p}}}\right)$$

となり，式 (7.37) が得られる．

[4] 式 (7.19), (7.20) のアインシュタインの関係から，つぎのようになる．

$$D_{\mathrm{n}} = \frac{kT}{q}\mu_{\mathrm{n}} = \frac{1.38 \times 10^{-23} \times 300}{1.6 \times 10^{-19}} \times 4000 \times 10^{-4} = 0.01\,[\mathrm{m^2/s}]$$

第 8 章

[1] 表計算ソフトを用いて，ダイオードの電圧を 0.05 [V] 刻みで計算すると，解図 8.1 のようになる．条件を変えて各自計算してみよう．

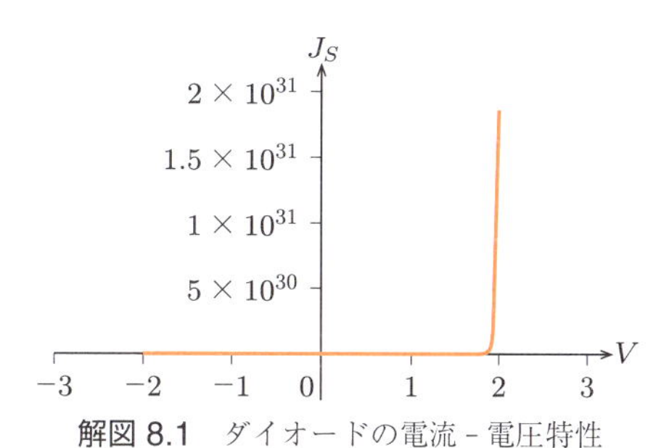

解図 8.1　ダイオードの電流 - 電圧特性

[2] 式 (8.37) に $N_{\mathrm{d}} = 2 \times 10^{21}\,[\mathrm{m^{-3}}]$，$N_{\mathrm{a}} = 8 \times 10^{21}\,[\mathrm{m^{-3}}]$，$V_d = 0.7\,[\mathrm{V}]$，$\varepsilon_s = 12$ を代入すると，つぎのようになる．

$$w = \sqrt{\frac{2\varepsilon_0\varepsilon_s V_d\,(N_{\mathrm{a}} + N_{\mathrm{d}})}{qN_{\mathrm{a}}N_{\mathrm{d}}}}$$

$$= \sqrt{\frac{2 \times 8.85 \times 10^{-12} \times 12 \times 0.7 \times \left(8 \times 10^{21} + 2 \times 10^{21}\right)}{1.6 \times 10^{-19} \times 8 \times 10^{21} \times 2 \times 10^{21}}} = 7.6 \times 10^{-7}\,[\mathrm{m}]$$

[3] コンデンサの容量の式 $C = \varepsilon S/w$ より，つぎのように求められる．

$$C = \frac{\varepsilon S}{w} = \frac{12 \times 8.85 \times 10^{-12} \times 2 \times 10^{-2} \times 10^{-6}}{7.62 \times 10^{-7}}$$

$$= 2.79 \times 10^{-12}\,[\mathrm{F}] = 2.79\,[\mathrm{pF}]$$

[4] 温度の増加によって激しくなった格子振動によってキャリアが散乱を受けるため，アバランシェ降伏を生じるだけのエネルギーをキャリアが得にくくなり，降伏電圧は温度とともに増加する．逆に，ツェナー効果は，温度上昇によってエネルギーギャップが小さくなり，量子力学的トンネル効果が起こりやすくなるので，降伏電圧は温度の増加に伴って減少する．

第 9 章

[1] コレクタ接合に到達するまでに再結合する電子が増加し，ベース輸送効率が低下する．その結果，トランジスタの効率が低下する．

[2] エミッタ注入効率を上げるには，ベースからエミッタへの正孔の流入量を減らせばよい．したがって，エミッタのドナー密度をベース領域より高くすることや，エミッタをベースを構成している材料よりもエネルギーギャップの大きな材料で構成することなどが考えられる．

[3] 式 (9.3) に式 (9.1), (9.2) を代入すると，以下のようにして式 (9.4) が導かれる．

$$\beta = \frac{I_{\mathrm{C}}}{I_{\mathrm{B}}} = \frac{I_{\mathrm{C}}}{I_{\mathrm{E}} - I_{\mathrm{C}}} = \frac{I_{\mathrm{C}}/I_{\mathrm{E}}}{1 - I_{\mathrm{C}}/I_{\mathrm{E}}} = \frac{\alpha}{1 - \alpha}$$

[4] $\beta = \dfrac{\alpha}{1-\alpha} = \dfrac{0.995}{1 - 0.995} = 199$ 倍となる．

[5] 十分大きなエミッタ電流が流れているときは，ベース接地電流増幅率 α は 1 に近い値をとる．しかし，エミッタ電流が小さいときは，エミッタからベースに供給されたキャリアの多くがベース領域内でベースから注入されたキャリアと再結合して，コレクタに到達するキャリアが減少して α は小さくなる．このように，α はエミッタ電流に依存して変化する．

第 10 章

[1] $I_M = I_S$ より，式 (10.3) と式 (10.4) が等しいとおいて，式 (10.1) の関係を用いると，

$$A\exp\left(-\frac{q\phi_B}{kT}\right) = B\exp\left(-\frac{q\phi_D}{kT}\right)\exp\left(-\frac{E_C - E_F}{kT}\right)$$

$$= B\exp\left(-\frac{q\phi_D + E_C - E_F}{kT}\right) = B\exp\left(-\frac{q\phi_B}{kT}\right)$$

となる．これより，$A = B$ であることがわかる．

[2] 式 (10.7) より，

$$w = \sqrt{\frac{2\varepsilon_0\varepsilon_s}{qN_{\mathrm{d}}}}\sqrt{V_d - V}$$

なので，この式に与えられた値を代入すると，

$$w = \sqrt{\frac{2\varepsilon_0\varepsilon_s}{qN_{\mathrm{d}}}}\sqrt{V_d} = \sqrt{\frac{2 \times 8.85 \times 10^{-12} \times 12}{1.60 \times 10^{-19} \times 3 \times 10^{19}}} \times \sqrt{0.75} = 5.76 \times 10^{-6}\,[\mathrm{m}]$$

となる．この値をコンデンサの静電容量を表す式に代入すると，つぎのようになる．

$$C = \frac{\varepsilon S}{w} = \frac{12 \times 8.85 \times 10^{-12} \times 3.14 \times \left(0.25 \times 10^{-3}\right)^2}{5.76 \times 10^{-6}}$$

$$= 3.62 \times 10^{-12}\,[\mathrm{F}] = 3.62\,[\mathrm{pF}]$$

[3] 金属と p 型半導体の接触では，電子ではなく正孔に対する障壁が問題となる．そのことに留意してエネルギー帯図を描くと，解図 10.1 のようになる．

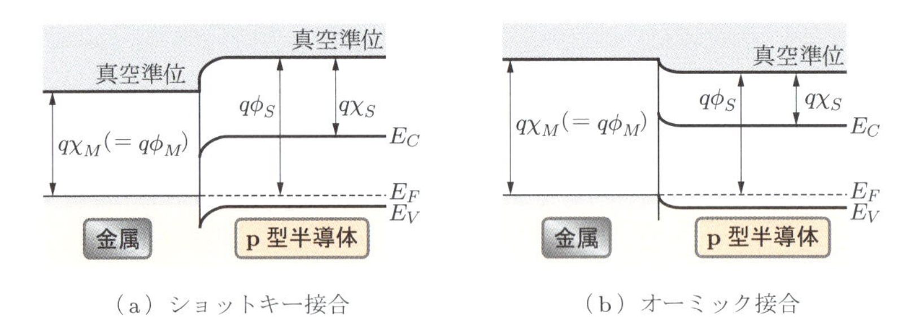

（a）ショットキー接合　（b）オーミック接合

解図 10.1

[4] 式 (10.7) より，つぎのようになる．

$$w = \sqrt{\frac{2\varepsilon_0\varepsilon_s}{qN_{\mathrm{d}}}}\sqrt{V_d - V}$$

$$= \sqrt{\frac{2 \times 8.854 \times 10^{-12} \times 12}{1.6 \times 10^{-19} \times 10^{17} \times 10^{6}}} \times \sqrt{0.4 + 1.8} = 1.7 \times 10^{-7}\,[\mathrm{m}] = 0.17\,[\mu\mathrm{m}]$$

$$C = \frac{\varepsilon}{w} \cdot S = \frac{8.854 \times 10^{-12} \times 12}{1.7 \times 10^{-7}} \times 0.2 \times 10^{-6} = 1.2 \times 10^{-10} = 120\,[\mathrm{pF}]$$

第 11 章

[1] 半導体中にわずかに存在する少数キャリアが反転層のキャリアとなる．

[2] たとえば，金属に正の電圧を印加して真空準位を平坦にすると解図 11.1 のようになる．この図で，金属と半導体とのフェルミ準位の差がフラットバンド電圧となる．

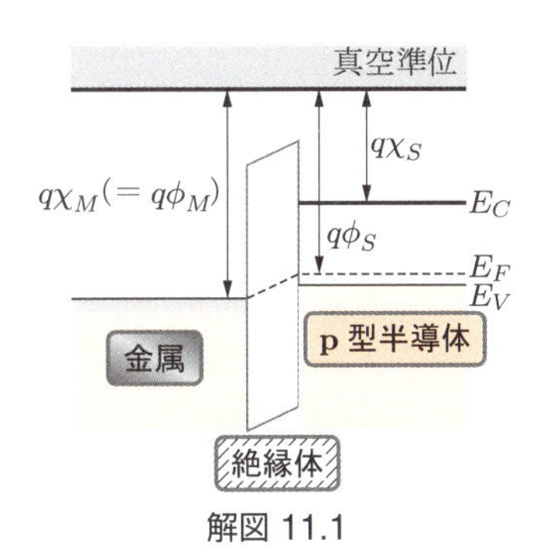

解図 11.1

第 12 章

[1] ゲート電圧の向き，ドレイン電圧とドレイン電流の向きが逆になる．また，p チャンネル MOS はキャリアとして正孔を使うので，一般に電子を使う n チャンネル MOS に比べて高周波特性が劣る．

[2] 静電容量はつぎのようになる．

$$C_{OX} = \frac{\varepsilon_0 \varepsilon_s}{d} = \frac{8.85 \times 10^{-12} \times 3.8}{0.15 \times 10^{-6}} = 2.2 \times 10^{-4}\,[\mathrm{F/m^2}]$$

[3] ゲート酸化膜の厚さが増加すると，C_{OX} が減少し，式 (12.7) より I_D が，また，式 (12.8) より g_m がそれぞれ減少し，MOSFET の特性が悪化する．

第 13 章

[1] シリコンの集積回路が成功したのは，SiO_2 という丈夫な保護膜が容易につくれたことが最大の要因である．GaAs の場合は，Ga の酸化膜である Ga_2O_3 は水分で劣化するなど，良好な保護膜がないことが集積化を難しくしている．

[2] シリコンウェハは，シリコンのインゴットからウェハに切り出し，表面を研磨するなどの機械的加工によってつくられているため，綺麗に見える表面にも多くの欠陥が存在している．そのため，基板上に直接素子を形成しても良好な特性が得られない．したがって，実際は基板と同じ結晶方位をもつ Si 結晶を基板上に新たに成長（エピタキシャル成長）させている．この成長した層の品質は，Si 基板に比べて数桁改善されており，その品質の改善された成長層の上に素子を形成して素子の特性を維持している．

[3] 現実的には，フォトリソグラフィーで使うフォトマスクのでき映えが最小加工寸法に影響する．原理的には，光はその波長程度にまでしか集光できない（回折限界という）ので，波長が最小加工寸法を決める．そのため，露光には波長の短い紫外線が使われている．

第 14 章

[1]　$\lambda\,[\mu\mathrm{m}] = 1.24/E\,[\mathrm{eV}]$ より，$\lambda_g = 1.24/1.12 = 1.11\,[\mu\mathrm{m}]$ となる．これより長い波長の光には感度をもたない．

[2]　もしも拡散電位と同じ開放電圧が得られたとすると，接合部分の拡散電位がなくなる．その結果，電子と正孔の分離ができなくなり，外部に電流を取り出すことができなくなる．そのため，エネルギーギャップ 1.12 [eV] のシリコン（拡散電位も同程度）の開放電圧は，約 0.7 [V] 程度となっている．

[3]　太陽電池が光を受けると，空乏層で発生した電子は拡散電位によって n 側に，逆に，正孔は p 側に移動して，n 側は負に，p 側は正に帯電する．この電荷を外部回路で取り出すと，外部回路には p 型から n 型へと電流が流れる．外部回路から電圧を加えて p-n 接合に電流を流す場合は p 型に電流が流入するのに対して，太陽電池では p 型から流出する．その結果，太陽電池では通常のダイオードとは逆方向に電流が流れることになる．

第 15 章

[1]　トランジスタのベース電流を変えて負荷電流を変化させると，電源電圧と負荷にかかる電圧の差がトランジスタのエミッタ－コレクタ間にかかる．その電圧と電流の積の電力がトランジスタで無駄に消費されることになり，効率が低くなる．

[2]　n チャンネル MOSFET が n^+ 基板上に形成されるのに対して，p チャンネル MOSFET では p^+ 基板上に形成されるといったように，解図 15.1 に示すように n と p とが逆になっている．

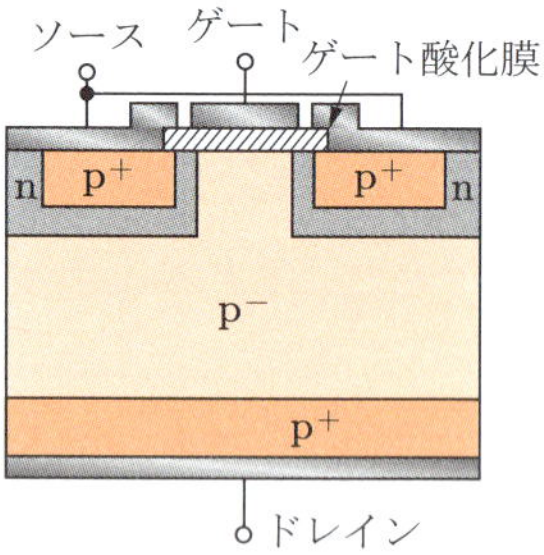

解図 15.1

第 16 章

[1]　点 A の電位を V_A，点 B の電位を V_B とすると，

$$V_\mathrm{A} = \frac{R+\Delta R}{R+\Delta R+R-\Delta R}\times E = \frac{R+\Delta R}{2R}\times E$$

$$V_\mathrm{B} = \frac{R-\Delta R}{R+\Delta R+R-\Delta R}\times E = \frac{R-\Delta R}{2R}\times E$$

となる．これより，A–B 間の電位差 V_AB は，

$$V_\mathrm{AB} = V_\mathrm{A} - V_\mathrm{B} = \frac{R+\Delta R}{2R}\times E - \frac{R-\Delta R}{2R}\times E = \frac{\Delta R}{R}\times E \quad [\mathrm{V}]$$

となる．

[2]　「臭い」は「味」とともに化学量を検出する化学センサである．味には，甘味，塩味，酸味，苦み，旨味という五つの「基本味」があるのがわかっているのに対して，臭いではその基本となる「基本臭」が見出されていない．臭いセンサの開発が遅れている原因の一つは，この基本臭が特定されていないことと考えられる．基本臭が特定されれば，臭いセンサの開発は飛躍的に進むと期待されている．

[3]　半導体ガスセンサの周囲の圧力を下げると，ガスセンサ表面に吸着している酸素分子の数も

減少していき，センサの導電率は大きくなる．この状態で可燃性ガスに接触させても，すでに導電率が大きくなっているので導電率の変化は小さくなり，感度が低下する．

第17章

[1] 1024×768 の場合には $1024 \times 768 = 786432$ となる．カラー表示の液晶セルでは三原色分，この3倍の数が必要となる．

[2] 液晶は基本的には光のシャッターであり，裏面に配置されたバックライトの光が液晶セルを通って前面に出てくる．液晶セルの厚さは有限であるため，正面から見るとバックライトの光が見えるが，斜めから見るとバックライトの光が直接見えなくなる．その結果，視野角が狭くなる．それに対して，プラズマディスプレイや有機ELディスプレイは素子そのものが発光しているため，斜めからでも正面からと同様に見ることができる．しかし，液晶ディスプレイも改善され，いまではほかのディスプレイと遜色のないものがつくられている．

参考文献

[1] 古川静二郎，荻田陽一郎，浅野種正 共著，「電子デバイス工学［第 2 版］」，森北出版 (2014)
[2] 中澤達夫，藤原勝幸 共著，「電子工学基礎」コロナ社 (1999)
[3] 平松和政 編著，「半導体工学」オーム社 (2009)
[4] 根本邦治，岩本龍一，大山英典 共著，「半導体デバイス入門」森北出版 (1991)
[5] 石原 宏 著，「半導体デバイス工学」コロナ社 (1990)
[6] 今井哲二 編著，原 徹，米津宏雄，福家俊郎 共著，「半導体工学」オーム社 (1988)

索　引

●た 行

●な 行

●は 行

●ま 行

●や 行

●ら 行

●わ 行

著 者 略 歴

藤本　晶（ふじもと・あきら）

1972 年　奈良工業高等専門学校電気工学科卒業
　　　　立石電機株式会社（現 オムロン株式会社）入社
　　　　発光ダイオードおよび半導体レーザの研究に従事
1978 年　通産省工業技術院電子技術総合研究所研究員（～1979 年）
1990 年　工学博士（大阪大学，半導体レーザの研究）
1991 年　和歌山工業高等専門学校電気工学科助手
1992 年　和歌山工業高等専門学校電気工学科助教授
1995 年　コーネル大学客員研究員（～1996 年）
1998 年　和歌山工業高等専門学校電気工学科教授
2004 年　和歌山工業高等専門学校電気情報工学科教授
2015 年　沼津工業高等専門学校校長
2020 年　沼津工業高等専門学校名誉教授
　　　　現在に至る

編集担当　二宮　惇（森北出版）
編集責任　藤原祐介（森北出版）
組　　版　ウルス
印　　刷　丸井工文社
製　　本　　同

基礎電子工学（第 2 版）

2012 年 6 月 15 日　第 1 版第 1 刷発行
2019 年 3 月 28 日　第 1 版第 5 刷発行
2019 年 8 月 30 日　第 2 版第 1 刷発行
2024 年 2 月 29 日　第 2 版第 5 刷発行

著　　者　藤本　晶
発 行 者　森北博巳
発 行 所　**森北出版株式会社**
東京都千代田区富士見 1–4–11（〒102–0071）
電話 03–3265–8341 ／ FAX 03–3264–8709
https://www.morikita.co.jp/
日本書籍出版協会･自然科学書協会　会員

Printed in Japan／ISBN978–4–627–77432–2